NONGYE JIXIEHUA YANJIU

RENWU JUAN II

农业机械化研究

人物卷 II

中国农业机械化协会　编著

中国农业出版社

北　京

卷首语

JUANSHOUYU

寒来暑往，一年又即将走到尽头。

上一本《人物卷》的出版，已经是两年前的事了。两年来，我们的国家、我们的行业有着长足的发展和进步，世事每天都在变化，不变的，是一代代农机人对农机化发展事业的情怀和热爱。

再一次提起笔的时候，再一次想到这些为农机化事业忙碌的老农机人的时候，心中颇多感慨。新旧更替是自然规律，一年又一年，越来越多的年轻人加入到农机化这个大家庭，越来越多的"老农机"离开了工作一辈子的事业，见面越来越少，怀念越来越多。我们在努力地搜集和记录，希望更多地留存老一辈农机人的痕迹和记忆，受限于人力和精力，能做到的不过十之一二。很多老同志谦虚，在我们邀稿时都表示自己不过尔尔，并不曾做过什么值得书写的成绩，但盛世之下，哪里有那么多英雄人物？平平凡凡的人生，普普通通的工作，实现农业现代化的路程中，哪一个闪光点不是由平凡人的普通工作汇集而成的。

《人物卷 Ⅱ》延续了第一卷的文体和风格，当时我们曾说要把记录农机化人物这件事继续做下去，没有失信，我们在做，也依然会继续做下去，记录人物、记录历史，尽管所做有限，但也尽己所能，多留下一些资料。在此，感谢一直关注和支持的同仁，也希望能继续得到大家的关注和支持，谢谢！

刘宪

目 录 CONTENTS

人物略传

RENWU
LÜEZHUAN

人物卷　Ⅱ

○一
王天辰

王天辰，男，1962年3月1日生，汉族，甘肃省兰州市人，中共党员，研究员。现任中国农业机械化协会副会长兼秘书长。

王天辰1982年1月毕业于甘肃农业大学农机系农业机械化专业。长期在农机化领域工作，历任甘肃省农业机械鉴定站站长、农业部旱作农机具质量监督检验测试中心主任、农业部农业机械试验鉴定总站办公室(人事处、党委办公室)主任（处长）、中国农机鉴定检测协会副理事长、甘肃省农机装备协会副会长、甘肃省农机学会副理事长、甘肃农业大学工学院硕士生导师、甘肃畜牧工程职业技术学院客座教授、农业部双认证评审员、国家实验室资质认定评审员、全国农业机械标准化技术委员会委员等职务。2016年5月到中国农业机械化协会任秘书长、法人代表，2017年6月任协会副会长兼秘书长。

王天辰多年来从事农业机械试验鉴定和质量技术管理工作，曾受国家认证认可监督管理委员会和农业部委派主持了60多个部级质检中心的评审验收工作，主持完成了10余项全国农业行业标准和地方标准的起草工作，在全国性学术刊物和全国农机行业学术年会上发表论文近20篇，主持完成的"小麦地膜穴播技术配套机具研究"项目获甘肃省科学技术进步奖三等奖。在1995年和2005年分别被农业部授予"全国农业质量监督先进工作者"和"全国农产品质量安全工作先进个人"称号。

最年轻的鉴定站长　王天辰

"最年轻的"一词伴随着王天辰前二十年的职业生涯。恢复高考后，他是甘肃农业大学农业机械系七七级班里年龄最小的同学之一；1998年担任甘肃省农业机械鉴定站站长时，他是全国农机鉴定系统年龄最小的站长，并将这个纪录保持了5年；2002年又成为甘肃省农业系统最年轻的研究员。在甘肃省农机鉴定站、在农业部农业机械试验鉴定总站、在中国农业机械化协会，他始终保持着青春活力，在不同的岗位上兢兢业业，奉献着自己的光和热。

一

王天辰1982年1月从甘肃农业大学毕业后，在甘肃省农业机械鉴定站从事农机试验鉴定工作。由于工作认真踏实，工作能力强，1985年就被提升为鉴定科副科长，1992年被提升为检测一室主任，1995年被提升为副站长，1998年担任站长。王天辰为人正派、诚实，个性稳重，团结同志，对工作有激情，有较强的把握和驾驭工作的能力。他担任站长12年，把地处西北的甘肃省农机鉴定站打造成为全国最有影响力的鉴定站之一，营造出了和谐、奋进的工作氛围，带出了一支能干事、会干事、凝聚力强的职工队伍。甘肃省农机鉴定站在甘肃省农牧厅的年度考核中连年被评定为"好单位"，领导班子为"好班子"，个人考核在全厅200多个处级干部中名列前茅，工作能力得到了上级部门和职工的一致肯定。

在担任甘肃省农机鉴定站站长以后，他认真学习法律法规和国家政策，带领全站职工认真履行单位职责，开创性地开展工作，通过不断的努力，使鉴定站由原来单一的检测业务扩展到农机化工作的诸多方面，先后在甘肃省农机鉴定站加挂了"甘肃省农机质量投诉监督站""甘肃省农机维修监督管理总站""特种职业技能鉴定站（农业113站）"等牌子，使单位职能得以拓展，服务能力进一步提高。

王天辰长期从事农机试验鉴定和技术管理工作，有较深的技术造诣和丰富的工作经验。承担过各类农业机械的试验鉴定项目，熟悉鉴定工作程序和技术标

准。主持完成了10余项全国农业行业标准和地方标准的起草工作，在全国性学术刊物和全国农业机械行业学术年会上发表论文近20篇，主持完成的"小麦地膜穴播技术配套机具研究"项目获甘肃省科学技术进步奖三等奖。1996年被农业部质量办公室聘为"农业部双认证评审员"，受国家认证认可监督管理委员会和农业部委派作为评审员或评审组长，先后参加或主持了60多个农业部质检中心的评审验收工作，是农机行业为数不多的几个组长级评审员之一。

20世纪80年代四小鉴定现场

二

2010年，农业部农机试验鉴定总站按高技能人才引进政策，调动王天辰到总站工作，次年，经过竞聘担任鉴定总站办公室（党委办公室）主任、人事处处长。

办公室任务繁杂、事无巨细。王天辰坚持从大处着眼小处着手，服务大局，狠抓落实，在鉴定总站政务、党务、人事、老干部等各项工作中发挥了积极作用，得到大家的好评。他经常告诫年轻同志，要顾大局、讲奉献，以单位为重、以事业为重。他是这样说的，也是这样做的。和他相处已久的同志表示，从未见他对工作产生过抱怨，在工作中敢于动真碰硬、啃硬骨头，遇到困难迎难而上，不推诿，勇承担。通过他耐心细致的工作，妥善处理了总站早年离职人员、退休人员的多项棘手的历史遗留问题，解决了问题，化解了矛盾，真正做到了为领导分忧、为单位担责。他就是这样凭着对工作的挚爱，对工作的负责，把纷繁复杂的工作梳理得井井有条，平衡有序，这需要一份智慧，更需要一份执着。

他作为鉴定总站人事劳资管理部门的负责人，根据总站党委的要求，认真谋划劳资人事改革。积极争取总站工资总额额度，起草制定了总站《收入分配办法》，使总站职工收入有较大幅度的提升；积极争取技术岗位职数，缓解了总站正高级职数少的压力；积极推进管理岗、技术岗双肩挑改革，使老同志职称问题得到较好的解决，一批年轻干部脱颖而出。

他作为鉴定总站文化建设归口管理部门的负责人，围绕总站党委"推动总站科学发展，创新总站文化建设"的目标要求，注重发挥工青妇组织的作用，出谋划策，精心组织多项有益的实践活动，受到领导和职工的赞誉。梳理鉴定总站的发展历程，策划建成了总站展览室；组织工青妇组织开展农机试验现场体验生活、参观房山妇女创业基地、开辟青年团菜园、召开学雷锋座谈会、举办篮球友谊赛、羽毛球比赛等活动，丰富了职工生活，增强了职工的凝聚力；他关心群众，常"换位思考"来处理问题，经常开展走访慰问活动，组织看望生病同志或家属，注意解决干部群众工作生活中遇到的实际问题。站里有位在外地休养的离休干部，王天辰逢年过节都会打电话进行问候，带去组织对老人的慰问，老人去世前还叮嘱自己女儿，要感谢王主任对他的关心。

王天辰注意克己奉公，以身作则，在各方面起到模范带头作用。在工作中，

以良好的作风认真执行总站党委的工作部署。按照总站党委廉洁从政的各项要求，他会同有关处室，采取多种方式组织开展廉政教育，在总站营造"踏踏实实做事，清清白白做人"的廉洁氛围；同时，将廉政风险防控管理延伸到全国农机鉴定系统，收到了良好的效果。按照总站党委"廉政工作要逢会必讲，廉洁自律要事事提醒"的要求，组织职工参观廉政警示教育基地、观看警示教育片、邀请专家举办警示教育讲座；坚持每年由总站领导与各部门负责人签订党风廉政责任书，全体党员职工签订廉洁自律承诺书；在组织工作会议、起草领导讲话时，都把廉政要求纳入其中；他在审核各项工作请示时，以制度、规定为依据，严格把关，有效防止了违规违纪行为的发生。

王天辰主持2023年国际农业机械展览会开幕式

三

　　2016年5月，因工作需要，王天辰到中国农业机械化协会担任秘书长、法人代表，次年6月在协会二届二次理事会上增选为副会长。

　　王天辰在协会工作期间，认真秉持中国农业机械化协会"市场导向、服务当家"的办会理念，深入调研、重点谋划、全面发力、砥砺前行，为农机化发展及乡村振兴大业做出了一定贡献，未负韶华。

作为协会党支部书记，他认真履行党建"第一责任人"职责，围绕全面从严治党的总要求，始终将党的政治建设、思想建设摆在首位，认真贯彻落实支部工作条例，严格执行党内组织生活，认真贯彻落实农业部关于社团组织管理的一系列规定，正确理解农业部农业机械化管理司、总站和协会领导关于行业发展的指示精神，确保协会工作正确的政治方向。

作为协会分管扶贫工作的负责人，王天辰把履行社会责任、助力脱贫攻坚摆在工作的重要位置。认真贯彻落实农业农村部关于农业产业扶贫的重大部署，充分发挥协会的作用和优势，主动担当作为，发布了《中国农机化协会公益募捐倡议书》，在四川举办农机化系统"爱心农机助力脱贫攻坚"系列捐赠活动，给四川省昭觉县、理塘县、红原县捐赠了83台（套）价值150万元的爱心机具；在河北曲阳和甘肃永登开展了机具捐赠活动，举办扶贫工作重点村支部书记和创业致富带头人培训班，组织实施无人机草籽撒播、培训无人机驾驶员等多种形式的公益扶贫项目，卓有成效地开展了一系列扶贫和公益活动，为农业产业扶贫贡献了力量，得到上级部门的表扬和肯定。

为加快我国甘蔗生产机械化转型升级，他于2016—2022年连续举办6届"中国甘蔗机械化博览会"，全方位展现世界先进甘蔗生产技术与装备，多角度为参展企业和参会观众搭建商贸合作、学习交流平台，为提升我国甘蔗生产机械装备的研发制造水平和甘蔗生产机械化发挥了积极作用。

作为协会秘书长，王天辰始终重视工作创新。主持创办了"中国农业机械化协会团体标准"，现已发布了80个团体标准，其中农用航空系列标准填补了国内空白；开展了三批农机田间作业远程监测系统选型活动，为我国农机田间作业实施远程监测起到了积极的推动作用；组织开展全国农机实验室能力比对活动，对提升农机试验鉴定的规范化水平，促进试验鉴定技术进步发挥了积极作用。

王天辰经常说，他是幸运的，职业生涯中一直有贵人相伴，甘肃站的马骐、程兴田，总站的刘敏、朱良，协会的刘宪、杨林，还有众多的农机同行朋友，这些良师益友在他职业生涯的每一个阶段都给予他无私的教导和帮助，让他赓续着农机人的梦想。

人物卷 Ⅱ

○二
王宇红

　　王宇红，女，1965年11月生，汉族，陕西省神木市人，中共党员。1984年就读于延安大学中文系汉语言文学专业，1988年毕业后她进入国营宁夏农机总公司在办公室从事文秘工作兼团支部书记；1994年出任农排部经理，连年超额完成目标任务，由于业绩突出被提拔为总经理助理、副总经理；企业改制后被选为董事兼副总经理，其间连续被评为先进工作者和优秀共产党员。2002年企业破产，她带领13名下岗员工再就业，成立宁夏同德农业机械有限公司。2010年，与吉峰农机连锁股份有限公司合作成立宁夏吉峰同德农机汽车贸易有限公司，使公司走上了一条现代企业的发展之路，被吉峰科技股份有限公司聘为集团总经理，兼任中国农机流通协会理事、宁夏农机流通协会副会长。获得的荣誉有：2008年荣获宁夏回族自治区首届优秀女企业家和三八红旗手称号，2005—2018年公司连续多次被中国一拖集团股份有限公司，潍柴雷沃重工股份有限公司、凯斯纽荷兰等生产企业评为先进单位，2010—2022年公司连续九年获得母公司——吉峰科技先进集体一等奖、二等奖，2021—2022年连续两年被吉峰科技授予个人突出贡献奖。

为了大地的微笑　王宇红

　　说话细声细语、声调柔弱委婉的宁夏吉峰同德农机汽车贸易有限公司总经理王宇红，生来就没有想过要搞农机销售。也许是命运驱使，1988年，满带书生意气的王宇红一出大学校门，就踏进国营农机经销企业，就职于宁夏回族自治区农机总公司，历经文秘、销售员、销售部长、总经理助理、副总经理等工作岗位，与农机一"牵手"竟是30多年。就像在校学习刻苦用功一样，不管哪个年代，不管在哪个岗位，王宇红钻研学习的劲头，使她全面掌握了农机知识，从不懂销售的文秘人员成长为会销售、能采购、懂调试、善服务的农机"专家"。从吃"大锅饭"到自谋职业干个体经销农机，从失业到组建农机股份制企业，她的经历就像"过山车"，硬生生地走出了一条既艰难而又满载收获的经商之路。

—

　　20世纪90年代中后期，宁夏农机总公司由于外部投资亏损，农机销售业务虽然独家经销，但资金周转困难。当时，总公司业务部门的设置只有销售科，下设主机部和配件部，且都有负责人。为了扩大销售业务，1994年初撤销销售科，成立了主机部、配件部和农排部，时任副总经理的李荣春鼓励王宇红报名担任农排部经理（当时懂业务的人没人报名）。"我能行吗？"王宇红不停地问自己，也有曾任保管员的朋友劝她："你别去，库存没有多少可以销售的东西，大部分都是积压商品，给你定的任务根本无法完成。"王宇红认真查阅了上一年度的销售资料，的确不到80万元，实现年销售300万元的任务目标确实很难。正当她犹豫不决时，李荣春和王宇红的爱人都鼓励她"挑起这个担子"。就这样临危受命，王宇红先后担起了总公司总经理助理、副总经理兼农排部经理、总公司董事兼副总理的重任，也铁了心一定要完成目标。

　　从此，王宇红以"最大限度满足用户的需求"为工作宗旨，身上总装着一个小本子，随时记录每一种农机的性能、价格和特点，以便根据用户需求不断引进新产品；同时，她注重学习农机安装和调试技能，同时和用户悉心学习交流，逐

步成为内行。

有一次，一位用户打电话咨询产品时，对王宇红简要的回答很不满意，要求找一名专业人员回答。当时，只有她一人值班，无法解除这位用户的疑惑。放下电话，她赶紧拿起产品说明书仔细阅读，看明白后拨通用户电话细心解答。听到王宇红非常详细的介绍，这位用户十分满意地前来公司购买了产品，还反复地感谢她。

那个时期，用户需要的一些农机产品处于缺货状态。为了满足用户需求，王宇红就在银川市的各个销售点去"搜"，找到之后及时交给用户，既不让用户多跑路，又增加了销售品种和利润。有一回，长庆油田一位朋友前来采购抽油泵，并说"还要买些办公家具。"王宇红脑瓜一转，竟然去家具市场采购了办公家具，连同他要的抽油泵一并交给这位朋友——或许，这是农机公司史册上第一个销售办公家具的范例！

一个午后，青铜峡水电厂工地急需发电机组，而员工都已下班回家，王宇红刚任销售部经理不久，不好意思让员工返回加班，她便请求销售发电机组的老板帮她联系司机装货。由于货送到后需要收回货款，同时又担心泄露客户信息，王宇红亲自押车送货。又因为与司机很陌生，加之路面坑坑洼洼、颠簸不平，她一路非常警觉，不敢有任何倦怠，到达工地时已是午夜。

王宇红担任销售部经理第一年，销售额达到390万元，实现毛利润80万元，配套农具销售额超过了自治区农垦公司，在公司的年会上受到表扬，农垦公司老总号召员工向她学习。1996年底，王宇红升任宁夏农机总公司总经理助理、副总经理，并被评为先进工作者，这使她信心大增，感到"工作让自己成长了很多"。

1998年，由于农民收获水稻不及时，大米碎米多且售价偏低，被媒体以《宁夏大米怎么了？》为题进行了报道，引发了一场讨论。王宇红在这一讨论中敏锐地发现：适时收获是解决大米破碎率高的重要途径。于是，她根据湖州收割机厂的产品信息，只身前往湖州，引进碧浪履带收割机，并和厂家维修师傅骑着自行车深入宁夏农村田间地头向农民演示宣传收割机使用常识，成熟的产品和暖心的售后技术服务，使得履带收割机得以迅速推广，收割效果深受农民认可。从此，宁夏水稻收割有了适合的机械，解决了水稻不能适时收割造成大米出米率不高、口感不好、售价偏低的问题。当年，实现销售碧浪履带收割机98台，利润60多万元的好成绩，被生产厂家称为宁夏水稻机收"第一个吃螃蟹的人"，后来履带收割机在宁夏最高年销售量达到1000台。

二

2002年，宁夏农机总公司破产，职工下岗。王宇红带领13名员工再就业，以借款20万元和职工集资的75 000元作为启动资金，成立宁夏同德农机有限公司（以下简称同德公司）。王宇红在无经营场地、缺乏产品、农机市场萎缩的情况下艰难创业，把自己又一次推上了风口浪尖。

由于只是销售农机具，当年销售额仅有800多万元，只能维持公司运营和员工工资。这时，一位市场竞争的友商打破只经销拖拉机的格局，引进并销售农机具，迫使同德公司下决心从2003年起引进并销售拖拉机。由于过去没有维修拖拉机的基础，用户质疑同德公司的维修能力，在销售东方红804拖拉机过程中，他们邀请用户试乘试驾，用户都不愿意上机，熟悉的用户碍于情面上机坐一坐，就选择了DE拖拉机并带着农具离开。友商宣传不买农具就不卖拖拉机，或是买了拖拉机不给"三包"，由于那时的用户还比较封闭，维权意识不强，受到恐吓就非常担心。为了买拖拉机，用户不敢再买同德公司的农具。产品卖不出去，用户不断流失，员工的心理压力非常大，王宇红的心理也近乎崩溃。

然而，压力也是动力。王宇红带领员工及时调整经营策略，在重点市场培育种子客户。王宇红亲自联系前进农场贾师傅，说服他毫不犹豫地选择了东方红804拖拉机，使得该型拖拉机在前进农场顺利实现销售，并带动其他大户纷纷购买。灵武农场的崔师傅是同德公司多年的收割机客户，在他侄子对购买东方红或迪尔拖拉机举棋不定时，王宇红针对产品和售后服务进行担保，促使东方红拖拉机再次进入灵武农场，并得到越来越多用户的喜爱。由于不离不弃跟随她多年的员工和信任她的客户，让同德公司逐步与竞争对手站上同一个平台。2004年国家实施农机购置补贴政策后，农民购买农机的积极性得到充分调动，农机销售市场活跃起来，同德公司的发展也步入了快车道。

2000年初，王宇红发现陕西榆林农民购买农机要专程亲赴银川或西安，增加了路途劳累和运输风险，她便在2006年底成立了榆林同德农机服务有限公司，使得农业机械在榆林、延安市迅速推广，解决了当地区农民购机难，服务更难的问题。

随着各地需求的不断增加，同德公司便在宁夏各县（市）设立了二级分销点。2009年，营业总收入超过1.7亿元，成为宁夏最大的农机经销企业。营业收

入增加了，随之而来的管理问题也凸显了。企业要实现良性发展就必须以现代企业的要求实施规范化管理。2010年，同德公司和吉峰农机连锁股份有限公司合作，成立了新公司——宁夏吉峰同德农机汽车贸易有限公司，采取股份制组织形式，核心员工成为股东。运用吉峰农机现代化管理制度和理念，使公司走上了制度化、规范化、信息化道路，总公司和下设各子分公司财务业务实行一体化管理，销售员工薪酬和绩效挂钩，技术服务绩效考核和日常工作挂钩，极大地调动了员工工作的积极性，增强了主人翁责任感，为公司的长远发展奠定了坚实的基础。

三

外人并不理解，作为民营企业的领军人物，王宇红要付出常人难以理解的艰辛，紧张焦虑如影随形。由于长期工作的压力和劳累，使王宇红一度头晕恶心、神经紊乱，看到食物或吃东西时就会呕吐。

销售、采购、财务、日常事务一肩挑，工作量大，时间宝贵，没有节假日和周末，每年大年三十才带孩子去买衣服，给家人买礼物。

农机经销商的艰难旁人很难理解。每件农机销售产生的利润要在一年售后服务结束才能实现。售后服务必须到田间地头，还会碰到为不影响农机作业，用户要求连夜维修的情况。尤其是农机补贴政策实施初期，在需求量迅速增大的情况下，生产企业的产品都是应急生产，无论是产品设计、配件质量，还是机器装配，问题层出不穷，经销商不得不投入大量精力做好售后服务维护用户。如果遇到多次维修影响作业时间的，在作业期或作业结束后随之而来的就是无休止的协商解决，有要求退货的、有要求赔偿的，更有甚者会把机器开过来堵住公司大门不让进出的。曾经，王宇红被用户堵在办公室，因为有急事外出不得不翻窗户"逃"走。面对这一现实状况，在生产企业的充分信任和支持下，王宇红和她的团队夜以继日地奔波在田地里提供保障服务，竭尽全力维护品牌信誉。在这个过程中她和她的团队成长了，管理能力也得到了提升。近两年，随着农机市场竞争的白热化，生产企业越来越看中市场占有率，它们和经销商虽然还是过去"唇齿"相依的关系，但是在市场占有率优先的前提下，是否完成了目标任务？市场占有率是否达到要求？已成为双方合作的唯一理由。稍有不慎，经销商就不得不面临市场切割和生产企业另辟蹊径的窘境。

熟悉她的人都知道，王宇红的奶奶最疼爱她，过去只要回到家总是和奶奶住在一起。奶奶去世的前几年，她每次回去看奶奶，总是匆匆忙忙地陪奶奶说说话，第二天就要开车跑市场。很难想象，一位文弱的女子，经常长途奔波，一天往返银川至榆林近一千公里的路程。有人形容王宇红像一名无畏的骑士，高举长矛不停地奔跑！由于事务缠身，电话不断，有时同生产企业人员的交流会被用户和电话打断，回到家里拖着疲惫不堪的身体，还要不停地接打电话，甚至生病在家也不敢错过一个信息。因她接打电话过多，造成了严重的耳鸣。朋友和家人劝她"钱多少是个够，差不多就行了。"她却笑称："还真不是钱的事，错过一个用户就错过一片市场，不能被市场淘汰啊。"

当然，王宇红心里更清楚：与发达国家相比，中国的农机市场差距还很大，但发展潜力更大。面对飞速发展的新形势，如何改变粗放的管理模式，如何吸引和培养更多的优秀人才，如何让团队始终保持积极进取的活力，如何满足购机者一个接一个的个性化需求，如何提供更好更多的增值服务，如何使企业不断健康发展，这些都是每一位农机经销商必须解答的新课题。

就像在校学子破解一个又一个难题一样，不管困难有多少，不管阻力有多大，王宇红率领的农机团队都会朝着一个目标奋力行进——为了大地拥有更多的微笑！

人物卷 Ⅱ

○三
王智才

王智才（1956年10月—2022年4月25日），男，汉族，陕西长安人，中共党员，大学本科学历。曾任农业部总畜牧师。2022年4月25日，在北京逝世，享年66岁。

1976年5月—1978年3月 陕西长安县魏寨乡农技站农技员；

1978年3月—1982年1月 西北农业大学农学系农学专业学习；

1982年1月—1986年12月 农业部农业司经作一处干部（其间：1984年8月—1985年11月 江苏无锡县张泾乡挂职锻炼）；

1986年12月—1987年5月 农业部农业司经作一处副处长；

1987年5月—1992年9月 农业部农业司农情信息处副处长；

1992年9月—1994年5月 农业部农业司综合粮油处处长；

1994年5月—1998年7月 农业部农业司副司长（其间：1998年3月—1998年7月 中央党校进修二班学习）；

1998年7月—2000年11月 农业部农垦局副局长；

2000年11月—2006年10月 农业部农业机械化管理司司长（其间：2004年3月—2005年1月 中央党校一年制中青年干部培训班学习）；

2006年10月—2015年6月 农业部畜牧业司司长（全国饲料工作办公室主任）；

2015年6月至—2017年2月 农业部总畜牧师；

2022年4月25日，在北京逝世，享年66岁。

大气磊落　大智若愚　王智才

天有不测风云。4月的一天突然传来智才逝世的消息，令人震惊。春节前见面时他身体状况尚可，时隔不到3个月他竟溘然离世，让人毫无思想准备。因为防疫规定，不能见他最后一面，隔空送行心里真不是滋味。

智才和我是同龄人。30年前一个冬天，我们在北京回西安的火车上偶遇，聊起来才知道都在部大楼同一层上班，我们一路说到终点站。那时候他在农牧渔业部农业司，我在农机化司。他对农业机械化有兴趣是我没有想到的，当时农机化还处于一个低潮期，不像现在。后来他到农垦局工作时我们也经常谈论农场大农机。2000年11月他受命任农业部农机化司司长，我们就成了上下级。

王智才司长率团考察欧洲农机化发展工作

有一天他对我说，现在形势越来越好，我想把工作力量集中到继续推动《农业机械化促进法》的出台和争取大的专项资金方面，你觉得怎么样？我说这两件事儿都是农机人梦寐以求的。农机化立法已经搞了几十年，有很好的基础，如果真的有所突破，你就是大功臣了。他说，我不想当功臣，只想让你老哥好好支持我的工作。我说你是司长，全国农机化总指挥，我们听命令就是了。他说不要打官腔，我初来乍到，你干的时间长有优势，咱们一起干好这事儿行吗，我说没问题。这以后几年里，根据农业部党组的部署，智才司长带领全国农机化系统的同志们，按照分管部领导的要求，加班加点做了大量艰苦细致的工作。在党中央、国务院、全国人大的关怀支持下，通过各方方面面的努力，2004年11月1日《中华人民共和国农业机械化促进法》正式生效，其中第二十七条规定："中央财政、省级财政应当分别安排专项资金，对农民和农业生产经营组织购买国家支持推广的先进适用农业机械给予补贴"。同年，按照党中央、国务院部署，财政部、农业部共同启动了国家农机购置补贴政策，当年安排补贴资金0.7亿元在全国66个县实施。以后国家财政投入逐年增加，扩展到200多亿元，中国农业机械化从此进入发展的黄金期。

1997年参加河北省藁城市市政府工作汇报会合影

接触多了，我渐渐感觉智才不仅工作很投入，还是一个讲礼数和孝道的人。对父母的养育之恩念念不忘，多次把老父亲接到他身边照顾。有一年我们去乡下看他老父亲，见到老人家第一面他深深鞠了三个躬。我要鞠躬，他拦着我说老兄你就不必啦，我是儿子你是客人，你敬他一杯酒就行了。智才的老家在关中驰名的白鹿原附近，陈忠实先生的巨著《白鹿原》把中华农耕文化和西北农家汉子淳朴、勤奋、率真、执着的品格表现得淋漓尽致，我觉得智才本色也是这样的。他是为工作和家庭不顾自己一切的人，不管在哪都保持知难而进、敢于担当的风范，要求别人做的自己首先做到，是一个很好的共产党员。我相信他所走过的单位，大家会所感觉的。

智才追求快乐人生，业余时间爱打扑克。他打扑克善于谋划、出手犀利。这种果断干练的牌风也是他为人处事的写照。他常说，到手的牌好坏天决定，但千万不能把好牌打烂，要想办法把烂牌打好。这种想法贯穿了他的一生。

王智才司长率团考察欧洲农机制造企业

智才从农业部农机化司转任其他领导岗位后，依然心系农机，对中国农机化协会工作很支持。2016年我到协会任职，他对我说，当会长必须把该干的事情想透。你坚持把为农机手服务作为协会工作方向我赞成，这是中国农机化协会社会价值所在。这件事情干好不容易，你要有充分的思想准备。2017年退休后，智才参加我们协会的活动更多了，有请必到。我发的协会公众号信息他经常阅读点赞，一直保持到逝世的前几天。2021年协会筹备换届，我请他出任一个荣誉职务。他说中国农机化协会工作我会尽力支持，荣誉职务就不必啦，你们协会干得不

错，思路和方法都对，我从内心愿意无条件支持。这番话着实让人感动。说到换届，他建议我考虑让贤，推荐年富力强、热爱农机化事业的同志到协会，也给自己留一点儿时间，毕竟余生有限。我觉得他说得很实在，还想再听听他的高见。如今不可能了……

2000年第六次全国农机鉴定站站长会议

光阴流逝，智才老弟驾鹤西去已经百日，留给我的念想日渐加深，我二人一起共事的时光不经意间就过去了，原本以为卸任以后相处的日子会很长，谁知天道不测，造化弄人，年初的见面竟成永别。每每想到这些真有些伤感叹息……

2010年中国农业机械化论坛十二五农业机械化发展战略代表合影

智才走了，几十年的相处我觉得他是个靠谱的人，大智若愚的人。他的大气和磊落，看问题的眼光，处理事情的方法，都永远留在我记忆的深处，不可磨灭。人生能遇到这么一个敢做敢当的领导，一个能说真心话的兄弟挚友，一个智者，难道不是一种福气吗？

愿智才神愉！

（原文2022年8月2日发布，题目为《百日追思》，作者：刘宪）

人物卷 Ⅱ

○四
白　艳

　　白艳，女，辽宁锦州人，大学本科学历，1990年7月毕业于沈阳农业大学，同年分配到农业部农业机械化服务站。现在农业农村部农业机械化总站执法监管处工作，为农业技术推广研究员。从2000年起从事农机安全监理工作，参与了国务院《农业机械安全监督管理条例》及其释义、拖拉机和联合收割机牌证管理、农业机械事故处理等部门规章、规范性文件的起草。组织编写出版了《农机安全监理》《农机安全法规与相关知识必读》等面向农机安全监理人员、农机驾驶操作人员的培训教材，组织起草了拖拉机和联合收割机安全操作规程、农业机械出厂合格证、农业机械事故现场图形符号等多项农业行业标准。组织拍摄制作的安全宣传片、设计的宣传挂图广泛用于基层安全宣传。在完善法规标准、加强机构和人员管理、规范监理业务、强化安全生产措施、加强部门协作推进综合监管等方面都发挥了一定的作用。

平凡的农机工作者　白艳

一、完善法规标准，推进农机监理工作法制化

农机安全监理伴随着农业机械化的发展而诞生和发展，经历了机务管理时期、社会化管理时期和职能调整时期。以2004年先后颁布的《中华人民共和国道路交通安全法》《中华人民共和国农业机械化促进法》以及2019年公布的《农业机械安全监督管理条例》为标志，农机安全监理工作进入了依法监管新时期。此后，与《中华人民共和国道路交通安全法》《农业机械安全监督管理条例》配套的相关规章、规范性文件相继出台，全国初步形成了以法律为统领，规章、规范、标准为支撑的农机安全监管法规体系。

本人有幸参与了《农业机械安全监督管理条例》及其释义的起草和公布实施后的宣传贯彻工作。参与起草了《拖拉机驾驶证申领和使用规定》《拖拉机登记规定》和《联合收割机及驾驶人安全监理规定》三个部门规章及其工作规范，落实相关法规规定，规范对拖拉机和联合收割机的监管。组织开展了《农业机械安全监理法规建设》和《农业机械安全检验制度研究》等课题研究，课题成果在法规标准制定中都发挥了很大的作用。2015年，国务院召开全国推进简政放权放管结合职能转变工作电视电话会议，推进简政放权、放管结合、优化服务，深化行政体制改革，切实转变政府职能，进一步释放市场活力和社会创造力。农机安全监管工作按照国务院统一要求和部署，通过修订规章制度等措施推进"放管服"改革。2018年，参与了农业部对拖拉机和联合收割机牌证管理有关规章制度的修订，《拖拉机和联合收割机驾驶证管理规定》《拖拉机和联合收割机登记规定》及其工作规范的公布实施，精减了证照种类，简化了业务环节，提高了工作效率。参与了全国农机安全生产"十一五"到"十三五"规划编制，组织起草了国家安全生产"十一五"到"十三五"规划中"农业机械"部分，明确了指导思想、基本原则、主要目标、主要任务、重点工程和保障措施，推进农机安全生产工作有序开展。

农机安全标准是农机安全法律的延伸，是农机安全法规制度的重要补充，是农业机械化主管部门及其农机安全监理机构依法行政的重要技术保障。近年来，农机安全监管标准的制（修）订工作稳步推进，组织和参与起草的《拖拉机安全操作规程》《谷物联合收割机安全操作规程》《微耕机安全操作规程》《农业机械事故处理图形符号》《农业机械机身反光标识》《拖拉机和联合收割机驾驶证》《拖拉机和联合收割机安全检验技术规范》《拖拉机号牌座设置技术要求》《农用运输车运行安全技术规范》等行业标准，规范了安全监管和生产作业行为，保护了农机作业人员免受各种伤害，保障了人身安全和健康。

白艳在江苏省农机安全行政执法业务培训班上授课

二、规范业务流程，推进农机安全监理业务规范化

农机安全监理业务涉及行政许可事项，适用法律法规是否适当，行为是否规范，直接影响农机安全监理工作。为规范行政许可业务工作，农业农村部农业机械化总站在基层监理机构办证大厅，推行执法依据、办事程序、收费项目标准、办事人员、办事结果"五公开"制度。为做好相关法律法规和标准的宣传贯彻工作，重点推进业务规范化工作。一是规范拖拉机和联合收割机登记业务工作。按

照相关规定，设计并印发了登记工作业务流程图，张贴在基层监理办证大厅，统一、规范材料受理、审核和牌证发放工作。为了规范进口拖拉机和联合收割机的登记工作，经与海关总署有关业务部门沟通，参与起草了由农业农村部农业机械化管理司下发的《关于进一步明确拖拉机和联合收割机进口凭证有关事项的通知》（农机管〔2019〕50号），解决了多年来进口拖拉机和联合收割机的注册登记工作难题。二是规范拖拉机和联合收割机驾驶人理论考试工作。参与编制印发全国拖拉机和联合收割机驾驶证申领业务工作流程图，组织开发了"全国拖拉机和联合收割机驾驶人理论考试系统"，统一了全国拖拉机和联合收割机驾驶人理论考试题库，推进了理论考试工作规范化。三是规范农业机械事故处理与统计报告工作。参与起草了《农业机械事故处理办法》《农业机械事故处理文书制作规范（试行）》等部门规章和规范性文件，组织起草了《农业机械事故现场图形符号》行业标准，制定农业机械事故处理流程图，为规范事故处理工作提供了法规和标准支撑。提出将"农机事故统计月报"和"农业机械及驾驶（操作）人登记情况统计表"作为《农业机械化管理统计报表制度》的组成部分，纳入法定统计范畴；建立了农业机械事故月报和快报制度，严格执行事故快报制度，按层级时限要求上报较大以上农机事故。组织开发了"农业机械事故报送分析系统"，提高了事故报送工作的时效性、准确性和科学性。四是规范拖拉机和联合收割机的安全技术检验工作。参与《拖拉机和联合收割机安全技术检验规范》行业标准的起草工作，组织编写了《拖拉机和联合收割机安全技术检验及装备》教材，指导全国检验工作的开展。五是规范了变型拖拉机的管理工作。组织开发了"变型拖拉机管理系统"，全面掌握全国变型拖拉机的动态管理情况，为到2025年全国变型拖拉机彻底清零提供基础信息支撑。

三、加强队伍建设，提升农机安全监管能力

农机安全监理工作面向农村、农业、农民，涉及面广，工作任务重。农机安全监理队伍是搞好农机安全生产的组织保障。为了推进农机安全监理机构规范化建设，组织起草的《农机安全监理机构建设规范》明确了机构建设、人员队伍、设施装备、业务规范、服务标准和监督考核等要求。为了规范农机安全监理人员管理，建设高素质的农机安全监理人员队伍，组织起草了《农机安全监理人员管理规范》，明确了农机安全监理检验员、考试员和事故处理员的职责和条件，对

农机安全监理人员的行为、考核和监理证的使用提出具体要求。各地按照两个规范要求,合理设置监理业务岗位并配备人员,加强对各级农机安全监理人员的管理,不断提升农机安全监理人员的业务能力和水平,推进监理业务规范化和安全监理服务能力建设。结合现行农机安全监理法规和农机安全监理工作实际,组织编写了《农机安全法规与相关知识必读》《农机安全监理》《农机安全监理法规文件汇编》《农机安全标准汇编》等培训教材,作为系统业务培训专用教材,提高农机安全监理人员的政策法规理论水平和依法监管工作能力。组织多期省级农机安全监理师资人员培训,也指导了20多个省份的农机安全监理人员培训工作,从农机化安全发展、依法行政知识、机构建设与人员管理、业务规范化、安全宣传与安全检查等方面,对农机安全监理法律、法规、标准等进行阐述,确保省级师资人员熟悉、掌握相关法规规定,更好地开展市、县两级培训。组织编写《农机安全技术检验员培训大纲》《农机事故处理员培训大纲》《拖拉机联合收割机驾驶考试员培训大纲》,指导地方开展农机安全监理"三员"的培训和考核,提高农机安全监理特殊岗位人员依法履职能力和水平。

与江苏省盐城市农业机械安全稽查支队共建农机安全监理规范化建设示范基地,开展农机安全监理工作规范化建设试点,重点在机制体制创新、履职能力创新、规范执法创新、宣传机制创新和监管服务创新等方面,进一步夯实农机安全生产基础,提升农机安全监理能力。共建结束后,组织召开全国农机安全监理业务规范化建设现场会,展示了在牌证许可业务规范、农机安全隐患排查治理、农机事故采集分析、行政执法痕迹管理等方面的经验、做法,促进了全国农机安全监理业务规范化建设工作。

四、开展"平安农机"创建,构建农机安全生产长效机制

为探索农机安全生产的长效机制,农业部农机监理总站在对山东省开展的"十百千万工程建设"活动深入调查研究的基础上,提出在全国组织开展"创建平安农机,促进新农村建设"活动。此活动得到农业部和国家安全生产监督管理总局的支持和重视,2006年5月15日,农业部与国家安全生产监督管理总局联合下发了《关于开展"创建平安农机,促进新农村建设"活动的通知》,并于6月10日在成都市举行了活动的启动仪式。活动的目标是从2006—2008年,用三年时间在全国每个省份各建设十个"平安农机"示范县、百个"平安农机"示范乡

镇、千个"平安农机"示范村和万个"平安农机"示范户。通过"十百千万"示范活动的开展，探索"政府负责、农机主抓、部门支持、社会参与"的农机安全管理新方式，建立农机安全监管长效机制。邀请中央电视台和中央人民广播电台记者到北京郊区采集活动素材，在中央人民广播电台新闻和报纸摘要节目、中央电视台七频道《每日农经》节目中进行宣传报道。为做好"平安农机"创建活动中"六个一"宣传教育活动（在每个乡镇组织一次"平安农机"宣传教育活动，给每个农机手送一封创建"平安农机"倡议信，为广大农机手和群众放映一部"平安农机"教育警示片，向每个村送一套"平安农机"安全宣传挂图，给每个农机户送一本"平安农机"知识手册，在每个村、中小学校组织一次"平安农机"知识课），编写了"平安农机"倡议信、《农机安全生产知识手册》，设计印制了宣传挂图，拍摄了《平安农机》宣传片（光盘由新世纪出版社发行）。在中国一拖集团有限公司赞助支持下，免费发放到全国30个省份的农机手手中，张贴到村宣传墙上。

全国开展的"平安农机"创建活动得到了各级政府的重视和相关部门的支持，落实了农机安全生产责任制，完善了农机安全监管网络，强化了农机安全生产措施，夯实了农机安全生产基础，构建了农机安全生产长效机制。活动开展17年来，全国共创建44个全国"平安农机"示范市和1 077个全国"平安农机"示范县。

本人参与了农业部人事司和农机化司共同下达的"农机安全生产长效机制"项目研究，对农机安全生产现状、建立农机安全生产长效机制的意义、理论基础、对策和预期目标进行了调研和探讨，课题成果在"平安农机"创建活动方案制定中发挥了很好的作用。组织制定了全国"平安农机"示范市、示范县、示范乡和示范户的考评标准，指导地方开展创建活动，组织多批申报材料的审核。筹备召开了全国创建"平安农机"工作会议，总结交流"平安农机"创建活动的成功做法和经验，研究部署下一个时期"平安农机"创建工作。会议得到了公安部、国家安监总局及农业部有关领导的高度肯定。

五、强化安全生产措施，提高农机安全监管能力

抓好安全生产工作，落实安全生产责任制是关键。为使地方政府进一步重视农机安全生产工作，提出将农机事故控制考核指标由国务院安全生产委员会分解到各级人民政府纳入地方考核的建议。2007年1月，国务院安全生产委员会印发

的《关于下达2007年全国安全生产控制考核指标的通知》中，将832个农机安全生产控制考核指标下达到30个省级（除西藏外）政府，农业部也下发了《关于认真做好农机安全生产控制考核指标落实工作的通知》，要求各地认真研究、制定农机安全生产控制考核指标的落实方案，建立安全生产的目标责任制和考核制度、办法，加强农机安全生产监管工作，促进农机安全生产状况稳定好转。2016年，国务院安全生产委员会按照"党政同责、一岗双责、失职追责"的要求，建立完善安全生产考核机制和办法，坚持过程考核和结果考核相结合，强化对地方各级党委政府的履责检查和履职考核，印发了《国务院安全生产委员会成员单位安全生产工作职责分工》，按照管行业必须管安全、管业务必须管安全、管生产经营必须管安全的要求，厘清各有关部门的安全监管职责，加强对各级人民政府安全生产职责履行的监督考核。因此，从2016年以后不再以考核指标的形式考核安全生产工作。农机安全生产控制考核指标的分解下达，使农机安全生产得到了前所未有的重视，安全生产责任进一步落实，地方政府对农机安全生产的投入明显加大，农机安全监理基础得到了夯实。

提升安全防护性能，预防和减少农机事故发生。2012年前后，因拖拉机和联合收割机反光装置缺失引发的事故多发，有的被追尾、有的被剐蹭，每一起事故都给事故各方带来很大的损失。《机动车运行安全技术条件》(GB7258)规定：拖拉机运输机组应按照相关标准的规定在车身粘贴反光标识。经过调研，与反光材料企业共同起草了《农业机械机身反光标识》行业标准，规定了农业机械机身反光标识的材料、形状和外观及粘贴要求，明确农业机械反光标识由黄白相间的反光膜组成，白色单元上有层间印刷的制造商标识和农机安全监理行业标识。总站在全国开展了试点和推广应用，带动地方投入1 000多万元用于推广应用反光标识。公安部和农业农村部印发的《关于进一步加强拖拉机管理的通知》，要求实施拖拉机"亮尾工程"，拖拉机运输机组应灯光齐全并粘贴反光标识，未粘贴反光标识的不予注册登记、不予通过检验。标准发布实施后，拖拉机、联合收割机等农业机械因反光装置缺失而引发的农机事故明显减少。

强化源头管理，规范注册登记工作。农业机械出厂合格证是拖拉机和联合收割机注册登记时应提交的材料之一，记录着农业机械产品的出厂状态特征。因全国没有统一的标准，导致各种农业机械出厂合格证式样和内容各不相同，影响了拖拉机和联合收割机注册登记工作的规范性。为了规范农业机械出厂合格证的制作、使用和管理，组织起草了《农业机械出厂合格证 拖拉机和联合收割（获）

机》行业标准，规定农业机械出厂合格证式样，规范相关术语和定义。《农业部工业和信息化部关于规范拖拉机联合收割机整机出厂合格证明管理的通知》，对规范使用农业机械出厂合格证提出了具体要求。标准实施后，各生产企业在拖拉机和联合收割机生产完毕且检验合格后都能够随机配发出厂合格证，农业机械的出厂管理工作进一步规范，拖拉机和联合收割机的注册登记工作得到了加强。

强化应急处置演练，提高应急处置能力。为了贯彻落实《中华人民共和国安全生产法》《生产安全事故应急条例》等法律法规规定，提升应急处置能力，参与组织策划了多次全国农业机械事故应急演练活动，完善演练角本、设计事故场景、确定救援方案，演练活动得到农业部、农机化司领导的高度认可。指导多地开展应急处置活动，检验应急处置预案的实用性和操作性，锻炼队伍，磨合机制，提高技能，提升能力，教育公众，促进和强化了农机化主管部门及其农机安全监理机构农机事故快速反应能力、应急处置能力和部门协调配合能力。参与了国家安全生产应急救援指挥中心组织编写的《交通运输安全生产应急管理》培训教材，详细介绍了农业机械安全生产应急管理体系、应急管理预案与救援体系、应急处置技术与方案等。

安全宣传教育是法律赋予农机安全监理机构的职责。为加强对拖拉机和联合收割机驾驶人的宣传、培训工作，普及农机安全生产法律法规和标准，提高农机手的安全意识，组织编写并出版了《阳光工程农业机械培训全国通用教材——拖拉机联合收割机驾驶操作人员必读》《农机安全生产知识》《拖拉机联合收割机驾驶人考试指南》等教材，作为拖拉机和联合收割机驾驶操作人员的培训教材，考取驾驶证的辅导丛书，多数教材已成为广大农机手学习农机知识、道路交通安全法规知识和驾驶操作技术的重要读本。组织编写出版《农业机械事故案例》一书，收录农机事故200余起，用血淋淋的事故警示、提醒机手，驾驶操作农业机械要注意安全，真正实现安全致富。与新疆科学技术出版社共同实施"东风工程"图书出版项目之0546，用维吾尔、汉、哈萨克、蒙古、科尔克孜、锡伯六种语言文字，出版了《农机安全生产知识》宣传画册，向新疆各族群众宣传农机安全法律法规，普及安全生产知识，提升安全生产意识，共享社会进步发展成果。组织多次全国农机安全生产月和安全生产咨询日活动，以小品、快板、歌舞、地方戏等多种形式宣传农机安全法规知识，创新宣传方式，丰富宣传内容，提升宣传效果，营造了浓郁的农机安全生产氛围，带动了各地农机安全生产月活动的开展。

人物卷 Ⅱ

○五

刘　旭

刘旭，男，汉族，内蒙古包头市人，1963年9月生，1985年7月从西安交通大学毕业参加工作至今，先后担任农业部农业机械试验鉴定总站鉴定一室副主任，质量认证室主任，认证综合处处长，中国农机产品质量认证中心管理者代表，北京东方凯姆质量认证中心主任、副站长，2010—2012年任贵州省安顺市委常委、副市长（挂职），2017年11月至2019年5月主持农业部农业机械试验鉴定总站工作，2019年6月至今任农业农村部农业机械试验鉴定总站、农业农村部农机化技术开发推广总站及之后整合组建的农业农村部农业机械化总站党委书记、副站长，兼任中国农机学会副理事长、全国农业机械标准化技术委员会副主任和农机化分标准化委员会主任、全国强制性认证农机专家组组长等职务。1993年获农业部首届十佳青年称号，2005年被评为农业部有突出贡献的中青年专家，2022年获全国农牧渔业丰收奖贡献奖。38年寒来暑往，38年春华秋实。刘旭胸怀"国之大者"，情系"三农"、行为"三农"，在长期的农机试验鉴定、质量认证、农机化标准、技术推广等技术和管理岗位上倾情奉献了最好的年华，为农机化事业发展做出了重要贡献。

将情怀根植"三农"沃土
用奋斗谱写人生华章　刘旭

与农结缘，情系一生。作为上海交通大学内燃机专业毕业生，刘旭没有和多数同学一样进入到汽车、火车、船舶、军工企业或科研院校工作，而是被分配到农业部农业机械试验鉴定总站从事农机试验鉴定工作，从此与农结缘。"以前从没想过自己的事业会在农机。"对一个希望从事科研或先进内燃机制造的工科大学生而言，刘旭经历了一个职业认同和思想转化过程。他至今还记得当时的站领导引用周恩来总理对农业工作者讲的一句话"要一生立志于此"，要求新进毕业生稳住为农服务的心态，踏实做好本职工作。对此他铭记在心，守护一生，从承担农机试验鉴定项目入手，开启了38年的农机化职业生涯。"要一生立志于此"成为他倾情投入"三农"的思想支撑，将自己的职业生涯奉献给了农机化事业，在"同唱一首歌、共促农机化"的集体合唱中奏出了他推动事业创新发展的华丽乐章。

基层实践，提升能力。农机化工作一头牵着企业，一头牵着农民。田间地头不仅是一个大课堂，也是农机化的"主战场"。1988年国庆节刚过，按照单位安排，刘旭就和两位年轻同事一道去常州柴油机厂学习锻炼3个多月。从在总装车间装配整机，到背着配件到浙江嵊县进行"三包"服务，从业务科室到各工种车间多岗位实践锻炼，全面了解柴油机的研发、生产、服务、管理全过程，为日后开展农机试验鉴定打下了实践基础。1995年和2015年，他先后带队到陕西三原县和山西永济市、襄垣县开展为期3个月的蹲点调查和1个月的百乡万户调研，进村入户深入了解农业生产、农民生活和农村发展状况，问需问计于民，掌握农情民意，进一步升华"懂农业、爱农村、爱农民"为农服务理念。受中央组织部委派，2010—2012年挂职担任贵州省安顺市委常委、副市长，真挂真干，分管9个部门单位、联系8个部门单位，"5＋2""白加黑"成为常态。推动分管工作增比进位，安顺被列为全国农机化示范区并写入支持贵州发展的2012年国务院2号文件中。组织挖掘当地特有野生刺梨并命名为"安顺金刺梨"大规模推广，创建特色农产品品牌，成为农民增收致富的金扁担。年轻时的蹲点调研、实践锻炼丰富

2022年9月，带队到福建省宁德市蕉城区白基湾深海养殖基地调研

了他的基层工作经验，增进了对农业生产一线的理解，提升了处理复杂问题能力；年富力强时的挂职领导岗位，他率先垂范，勇于探索，续写新的人生篇章。

锐意进取，创新改革。我国的农机试验鉴定工作历经从新中国建立初期的起步、发展，到后来的停办、恢复的波折起伏，直到2004年《中华人民共和国农业机械化促进法》颁布实施，进入了依法实施的新阶段。如何为农民"有好机用"把好关、"把机用好"引好路，正是刘旭心所思之、力所向之的职责使命。一是推进鉴定制度改革。带着多年的理论思考与经验积累，他积极推动农机试验鉴定工作依法实施，并先后于2015年和2018年两次推动农机试验鉴定"放管服"改革，提出"于法有据、简政放权、服务企业"的改革思路，协助主管部门组织制（修）订《农机试验鉴定办法》《农机试验鉴定工作规范》等规章和规范性文件，精简鉴定内容，优化工作流程，推进检测结果采信和鉴定工作信息化建设。为畅通新产品鉴定渠道，推动建立专项鉴定制度，组织创设国家支持的推广鉴定制度，争取设立每年近1500万元财政专项经费，将试验鉴定纳入农机购置补贴政策实施延伸绩效考核范围。二是完善鉴定技术体系。为配套农机试验鉴定制度改革，刘旭主持制定了《农机推广鉴定大纲编写通则》，构建起"三性一控"的农机试验鉴定评价模式，推动制（修）订推广鉴定大纲292项。他还主持制定了《农机专项鉴定大纲编写通则》，指导20多个省份制定专项鉴定大纲197项，形成专项鉴定与推广鉴定协调互补的试验鉴定新格局。他组织制定了《"十四五"农机试验鉴定大纲体系建设指南》，系统提出了试验鉴定大纲建设的指导思想、基本原则、建设目标、建设内容框架和工作重点。三是推动鉴定规范实施。刘旭十分关注农机试验鉴定规范化发展，深入思考谋划，提出"依法鉴定、科学鉴定、规范鉴定、廉洁鉴定"行业要求，积极组织对省级鉴定机构开展专项监督检查，完成数千份推广鉴定报告的技术审核，推动鉴定工作规范化水平迈上新台阶。全国现行有效推广鉴定证书已达3万多张、专项鉴定证书400多张，有力促进了农机质量提升和新技术推广应用，支撑了农机购置补贴政策的高效实施。他参与主持编写的《农机化管理工作读本》，成为全国农机化管理干部的必备工具书。

拓展领域，发展认证。在农机产品质量认证领域，刘旭是开拓者，倾力推动农机质量认证从无到有、从弱到强发展壮大。一是积极开辟业务领域。1996年农业部农业机械试验鉴定总站组建质量认证室，刘旭是第一任室主任。在他的带领下，协助站领导创建了首家农机认证机构——中国农机产品质量认证中心，在农机领域引入质量认证制度。他将事关生产者安全的全部植保机械和中小功率轮式拖拉机纳入国家强制性产品认证目录，积极争取认证中心成为首批国家强制性产品认证指定机构，并增设质量管理体系认证职能，一次审核就可以开展强制性产品认证、自愿性产品认证和企业质量管理体系认证三项业务，拓展了认证服务功能。二是建立认证技术体系。刘旭创新提出了"认证通则—认证细则—认证规范"工作模式并组织构建了相应的认证技术体系，主持制定了《农机产品质量认证通则》行业标准，构建了认证顶层制度框架，并推动制（修）订多项农机产品强制性认证实施规则和实施细则。三是提升认证工作质量。他创造性提出并推动实施认证有效性、认证时效性、认证公信力和履行社会责任能力"四位一体"建设规范，组织制定认证中心质量管理体系文件，持续推进认证档案电子化，审核审批千余份认证报告。他还提出了职业化专业化的认证队伍建设思路，累计指导培训认证人员千余人次，推动认证规范开展，管理制度逐步完善，获证数量稳定增加，认证时效稳步提高。四是推进认证结果采信。他积极推动农机化主管部门在农机购置补贴政策实施中采信认证结果，将强制性认证产品和4种自愿性认证产品证书纳入补贴资质范围，发挥了认证在重大惠农政策实施中的技术支撑作用，实现公益性农机试验鉴定与市场化质量认证两种资源优势互补、协调发展。

完善标准，构建体系。农机化标准建设是刘旭多年来精耕细作的又一重要领域。他牢固树立标准为农机化发展服务的理念，致力于为农机化高质量发展提供标准支撑。一是推动完善标准体系。他主持研究引领农机化全程全面和高质量发展的标准体系，发布了"十三五"和"十四五"农机化标准体系建设规划或指

南，重点围绕九大作物、六大环节有序开展标准建设，构建了由16项国家标准、369项农业行业标准组成的、覆盖产品质量评价、机械化生产技术规范、作业质量、修理质量、安全运行、报废条件、水平评价等农机化重点领域的标准体系。二是持续强化标准应用。他指导建立年度标准宣传贯彻培训机制，指导编制农机化标准汇编、释义、工作读本等，推动开展全国农机化标准公益性培训，累计培训2 000余人次，引导农机化标准在生产和管理中广泛应用。三是主持标准研究推广。多年来，他带领团队潜心研究农机产品分类技术，主持修订发布《农业机械分类》行业标准，创新分类和编码方法，首次按照农业产业分片划分产品类别，实现产品种类全覆盖、边界无交叉，涵盖的农业机械产品品目增加近60%，可有效指导4 000多种农业机械产品类目划分，农业农村部专门发文推动这一行业标准实施。

2019年10月，率团赴莫斯科参加亚太农机检测网（ANTAM）第六届年会

推进融合，引领发展。 2019年6月，农业农村部党组决定原农业机械试验鉴定总站与原农业机械化技术开发推广总站合署办公，2021年3月又将两站整合组建农业农村部农业机械化总站。在此过程中，作为党委书记，刘旭与领导班子一

道，发挥党建引领作用，创新工作方法，推动顺利过渡。一是推进机构职能整合。按照农机化发展方向，他积极推动将原两总站的试验鉴定和技术推广部门整合组建为动力、粮食作物、经济作物、畜牧养殖、加工设施等试验鉴定和技术推广职能合一的专业处室，从机构设置上顺利实现人员重组、业务整合，有力促进工作质效的提升。二是推动业务融合互促。着眼于总站组建后的新工作格局，刘旭系统梳理并提出了以鉴定结果支撑技术推广、以推广效果促进完善鉴定规范的互融互促工作方法。他组织制定《关于做好"十四五"农业机械化推广工作的指导意见》，着力完善"一主多元"新型农机化技术推广体系，推进公益性与经营性推广服务融合发展。他推动开展农机化技术推广体系调研，组织推荐水稻大钵体毯状苗机械化育插秧技术等10多项农业主推技术和重大引领性技术在全国推广应用，加快科研成果落地转化见效。三是创新党建工作方法。结合单位实际，他系统性提出了"党建引领、事业发展、绩效管理、文明创建"的党建业务统筹推进工作体系，在各党支部倡导联合、结合、融合的工作方法，强化工作政治站位，牢固树立大局意识，推动单位创先争优，总站先后荣获农业农村部文明单位、绩效管理优秀单位等多项荣誉称号。

人物卷 Ⅱ

○六
刘　宪

　　刘宪，男，研究员。祖籍甘肃泾川。1955年生于古城西安。1970年上山下乡参加农业劳动，1973年在县农机修造厂参加工作。1982年加入中国共产党。1983年毕业于北京农业机械化学院。在农机化领域多个岗位工作近50年，长期从事农机制造和修理，农机检测鉴定、技术推广和安全监管，农机化宏观管理等工作。敏而好学、精通专业，基层工作阅历丰富。曾任农业部农业机械化管理司处长、副司长，河北省藁城市委副书记（挂职），农业部农机试验鉴定总站副站长，农业部农机化技术开发推广和安全监理总站站长，国务院学位委员会全国农业推广专业学位研究生教育指导委员会委员。多次承担和参与国家农业机械化立法论证，农机化重要政策、部门规章起草，行业技术标准的制定、国家财政重大专项实施和课题研究、国际合作项目实施，以及重要文献、史料编撰。在国内外发表论文数百余篇。主编《农机维修系统管理工程》《农机事故图册》《农业机械化纵横谈》（网络版）等著述300余万字。先后担任中国农业大学硕士研究生导师，中国农业机械学会、中国农机鉴定检测协会副理事长，中国农业工程学会农机化电气化专业委员会副主任委员，中国农机流通协会特聘专家，国家强制性产品认证技术专家组成员，国家计量认证及实验室认可评审员，中国质量协会企业质量管理诊断师，在农业装备制造和修理、新产品试验选型，新技术新机具推广和农机检测实验室建设，农机安全性、适应性、可靠性评价方面成果丰富。1988年主持的推广农机节能技术获国家经济委员会技术开发优秀成果奖，1991年获"国家计划委员会全国节能先进工作者"称号，2009年主持的"伪劣农机具快速鉴别"项目获神农中华农业科技奖科普奖，2006年获农业部"十五"全国农机化先进人物奖，2010年获中国农机发展贡献奖，2013年主持的"油料耕作栽培新模式集成创新与示范"项目获全国农牧渔业丰收奖，2019年入选中国农机化发展60位杰出人物，多次获农业部"优秀共产党员"和"先进工作者"称号。

现任国务院安全生产委员会咨询专家委员会委员、中国农业机械化协会会长、全国农业机械化标准技术委员会副主任、农业农村部主要农作物全程机械化推进行动专家指导组专家、中国农业大学兼职教授。领导中国农业机械化协会加强党组织建设和内部管理，履行社团社会责任，开展产业扶贫等公益慈善大型活动；秉承"市场导向、服务当家"理念，创办中国甘蔗机械化博览会，创立协会团体标准和先农智库，承担行业重大项目第三方评估、制造业转型研究、合作社发展、废弃物资源化利用等重大热点问题研究项目，编著出版年度《农业机械化白皮书》《农业机械化研究文选》及杰出人物传记等智库产品，及时发布和宣传贯彻新标准，为行业发展提供全方位优质服务。

岁月如歌　心依旧
——与时偕行者　刘宪

　　刘宪，一个对自己的目标坚持不渝的人。

　　从1973年到县农机修造厂算起，50年来刘宪几经辗转却始终未离开农业机械化领域。或许有人认为刘宪偏爱这个工作，其实当年的兴趣爱好并非如此。他和那个时代的男孩子一样，喜欢戴军帽穿海魂衫，梦想当兵当警察，开汽车飞机。青年时代他喜爱文学和音乐、哲学和历史，崇尚科学。诸多的梦想中，从来没有想过会从事一个和农业打交道的职业，而且一干就是大半生。他是一个什么样的人？有着怎样的故事？

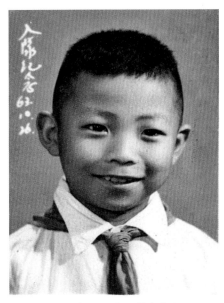

1963年加入中国共产主义
少年先锋队留念

1972年夏，下放农村劳动锻炼，
在陕西省干阳中学留影

1955年，刘宪生于古城西安。在他的成长过程中，黄土地淳朴的农耕文化氛围和古城西安浓厚的历史积淀潜移默化地影响着他，西北人刚烈朴实的性格逐渐在他身上打下烙印。

他家祖祖辈辈都务农，近代才发生变化。孩子们开始逐步接受良好的教育。外祖父是陕西早期的革命活动家。父亲大学毕业，母亲高中文化，良好的家世培养了他喜欢看书的习惯。一年级的学校叫三学街小学，毗邻著名的西安碑林博物馆，三年级去了建于唐景龙年间小雁塔附近的小学（小雁塔小学）。他每天路过古城墙，经常到古迹里玩耍，古代的建筑杰作和历代名家的书法深深地印刻在他的脑海中。儿时他度过了快乐的时光：看小人书、滚铁环、打沙包、养小动物，家乡小吃羊肉泡馍、油泼面、炒凉粉、醪糟和油茶的味道以及小时候的时光永远难忘。

忙碌的学习和游戏，相伴嬉闹的小伙伴，无忧无虑的生活在他11岁那年戛然而止。

1966年，"文化大革命"中父母受到了冲击，进了学习班，子女们受到牵连，老师的冷漠，同学的嘲笑和唾弃，让这个小小少年愤恨过命运的不公。有一次为反抗欺辱，刘宪竟然不顾一切和大半个班的男同学们打了一架，浑身伤痕欲哭无泪，他没有告诉父母。他强迫自己一夜长大扛起压力，学习做饭承担起照顾弟妹的任务，他们相依为命，期盼着艰难的日子早日结束。然而，迎来的却是更艰难的岁月。1970年他们一家人从繁华的大城市下放到偏远的农村，环境发生巨大的变化，对于从小在城市里长大的孩子们来说，失去了以往优渥的生活条件，住窑洞、吃粗茶淡饭、走土路，没有厕所和电灯的生活很难熬，尤其是没有月亮的夜晚，漆黑一片。小瓶子插一根棉线做的煤油灯，微弱的灯光在黑暗中摇曳，带罩子的高脚煤油灯亮堂但费油舍不得点。在城市只知道吃的东西都是花钱买的，在农村看到了小麦、玉米、油菜、红薯等农作物生长全过程。通过参与播种收割、喂猪放羊等农事活动，他增长了见识，也真正体会到"谁知盘中餐，粒粒皆辛苦"。小小年纪就开始严冬苦夏的劳作，劳作的经历锤炼了刘宪的身体和心智，成为日后在逆境中依然昂首前行的基础。

当年农村做饭取暖靠柴草，生态环境缺乏涵养，出行以徒步为主，满目黄土满身黄尘。但一家人能在一起就是最大的幸福。父母相濡以沫，在孩子们面前尽量保持良好的状态，教育孩子们遵循中华文化、尊敬老师、敬老爱幼。那时候没有农业机械，农活主要靠体力。父母每天上工体力消耗很大，但依然把好吃的东西留给孩子们。刘宪小小年纪就从父母的眼神和举止中读出了忧虑，他们为温饱操心，更为孩子们的前程担忧。兄妹几人早早懂事，学会了俭省，不再任性。学会了心疼父母，体谅他人。刘宪清楚地记得母亲多次说起1927年夏天，她亲眼看见敬爱的爸爸被枪杀的往事，告诉孩子们要勇敢面对人生。幼年的经历和环境铸就了刘宪的顽强坚毅的性格。

17岁那年的冬季征兵给他的梦想打开了一扇窗户，他和同伴每天围着征兵的军人跑前跑后，执着和热情得到了认可，他们提前戴上了新军帽。因为家庭的原因刘宪的梦想终究未能成真，他再次默默地接受了残酷的现实。1973年初，刚刚成年的刘宪成为县城农机修造厂的一名锻工，从事打铁工作，开始接触农机。不曾想过这个又苦又累的工作，会是他为之坚持并不懈付出的事业起点。工厂7年的工作经历使他渐渐对制造农机的设备、工具和材料产生了浓厚的兴趣，他投入了极大的热情跟师傅学技术，他肯吃苦不服输的劲头得到了夸赞，他第一次看到了自己的人生价值，也第一次把干农机列为人生选择。为了学习更多专业知识，他翻阅了自己所能接触的所有书籍、报刊，如海绵一样吸收各种知识。

机会永远是留给有准备的人。1977年恢复高考的消息传来，刘宪欣喜若狂，他渴望读书，向往去更广阔的天地，高考是他唯一的机遇，他把工作之余的所有时间和精力都用在了学习上。当时学习资料奇缺，没有多少可看的书籍，他就到县里文化馆尘土封闭的书库中翻阅旧书，寻找学习资料，为了不耽误挣工资，他坚持白天上班，晚上熬夜读书，很长时间吃不上好饭睡不了好觉，但这没有动摇他的信念。但求学的路并非一帆风顺，由于基础薄弱、缺乏辅导，他两次高考落榜，自尊心强的刘宪心灰意冷不愿意出门。父母心疼他，劝他放弃，夜深人静时他常常问自己是否还要坚持下去，所有的迷茫最终没有敌过一颗坚持的心，他咬牙开始了第三轮复习。皇天不负苦心人，1979年刘宪以优异的成绩考入了农业机械化最高学府北京农机化学院，开启了人生新的篇章。

新的环境释放了他被压抑的活力和潜能，工厂7年积累的丰富知识和技能，使得他在大学期间听课感觉良好，在力学、机械设计与制造工艺、制图、电工学等工科课程上，从感性认识上升到理性。4年学习打下的扎实专业知识基础，在后来的工作中派上了用场。他牵头组织企业开展全面质量管理、质量控制、优质产品评选活动，从实际出发，对企业产品研发和市场开拓提出建议。

回头想想，他觉得年轻时吃苦受罪也不全是坏事。在农村和工厂干活的那些艰苦岁月，培养了刘宪的意志力和动手能力。他忘不了春天和农民一起播种，夏天收麦子打场；秋天在玉米地里除草必须穿长裤长袖，那是比伏天还闷热日子。忘不了秋后种完小麦还要给牲口垫圈换土，往地里送粪；忘不了为过冬去山上砍柴的艰辛。这些经历对他后来若干年的学习，从事农业机械化工作的影响深远。

2020年陪同陈学庚院士农村调研

刘宪十分珍惜在农村和工厂度过的那段时光，经常抽时间旧地重游，了解村里和工厂的情况。多年形成的习惯使得他对工程领域的新型材料、新工艺、新设备和工具保持浓厚的兴趣。刘宪闲暇时喜欢自己动手干各种活，购置钳工木工的小设备和工具，制作一些器具和玩具。

1983年，接近而立之年的刘宪大学毕业后分配到农业部农业机械化管理局工作。面对即将走上的工作岗位，他信心满满，经过了多年艰苦的农村劳动和工厂干活的历练，又在大学系统地学习了农业机械化的理论和知识，他觉得完全可以胜任新的工作。

然而，现实却与他的想象完全不同。他先后在农业机械化宏观管理部门、试验鉴定部门、技术推广和安全监理部门工作，每个单位都有独特的职能，负责一个方面的工作，都有一套从中央到地方完整的工作系统，有严格的工作程序和方法。他一次一次地意识到自己经验、知识和能力的不足，以及急躁草率性格方面的缺陷。耳边不断回响起大学老师的毕业赠言：社会才是一个大课堂，有读不完的书、做不完的功课和许许多多的考试。面对挑战，他只有沉下心修身养性，从零开始直面挑战和考验。

局机关负责指导全国的农业机械化工作。他先后在那里工作了近20年，深切感受到做好这份工作的不易，只懂得农机方面的东西是远远不行的。国家机关的工作人员许多都是百里挑一，具有优秀的综合素质、良好的口头和文字表达能

力、知识面广，其中不乏分析处理棘手问题的高手。刘宪历任主任科员、工程师、副处长、处长和副司长，在不同的岗位上都经历过意想不到的挫折和失误，他看到了自己的差距和弱项，暗下决心老老实实地弥补，一步一个脚印地前进。从岗位需要出发，不断学习新知识，提升理论水平和认知能力，潜心研究农业机械化的法律法规，参与了促进中国农机化发展的重要法规、政策文件和发展规划的前期调研、文本起草，以及论证修改工作。如探索如何解决小地块与大农机的矛盾，琢磨如何推动农机和农艺的融合、丘陵山区农业机械化的发展、社会化服务体系建设、农机合作组织的发展等工作。全面了解国内外农机化发展的历史经验，发达国家的成功做法，农机购置补贴政策的实施，系统学习农机科研鉴定、推广和安全管理方面的基本理论，组织大规模的农机跨区作业和主要农时季节机械化生产，不断探索中国农业计划发展的道路和途径。十几年间，刘宪的逻辑思维和表达能力得到了很好的训练，撰写了大量的文稿。为完成好农机管理司新闻发言人的工作，他全面收集农机化领域的若干问题和解决思路，不断加深对中国农业机械化基本问题和解决思路的认识。

　　农业部农机试验鉴定总站职责是检测和评价产品质量。刘宪认为评价产品质量，不仅要看是否符合出厂标准，更要关注是否符合用户的需求。农机生产者需要销量和利润，使用者要求物美价廉、可靠、耐用的产品，必须协调好这两者的诉求。尽管在局机关时与鉴定业务有一些接触，但对刘宪来说，从行政机关的处长到事业单位任职，分管农机鉴定和业务工作，仍是较大的角色转换。开始接手时他许多技术问题搞不清楚、听不明白，但作为领导还要做出决策提出意见，一度处境尴尬。为弥补不足，他常常放弃节假日的休息时间到办公室看资料，潜心学习有关法律法规、质量管理和实验室标准化理论，逐渐掌握了国内外农机鉴定技术发展动态、技术法规和标准、农机检测技术、计量认证等方面的情况，他要求自己放下架子和大家一起到现场做检测，向内行请教积累经验。在鉴定总站工作的10年间，多次组织实施了全国拖拉机质量监督抽查和重点农机产品的质量监督，组织完成1 000余项农机推广鉴定、委托检测和仲裁检验项目，向社会出具农机产品质量检测的客观数据，为用户选购机器提供可靠依据；组织完成植保、种子加工、秸秆还田机、玉米联合收割机质量安全的行业普查，为建立农业投入品质量安全监督体系提供大量基础技术资料。连续4年开展全国小麦跨区机收联合收割机质量跟踪工作，积累了几十万字的技术资料，总结提出农机适应性可靠性评价的新方法，丰富了农机鉴定理论，得到了同行的关注。组织了机具普查和选型工作，编制出版了保护性耕作机具图册。参与农机化重点技术推广项目、"十五"国家科技攻关计划重点项目"现代农业关键技术装备研究与开发"成果的检测和评审，提出了促进农机科研成果转化和推广应用的建议。在农机鉴定、标准领域的国际交流与合作中做了大量工作。承担农机化行业标准制定的财政资金专项，在农机化标准体系建设和标准类型的划分等方面做了开创性工作。"十五"期间，农机化的法规建设任务繁重。刘宪组织团队受命参与了《中华人民共和国农业机械化促进法》有关内容的调研、相关条款起草的背景资料收集工作。该法的颁布实施，对农机鉴定配套法规和技术体系建设提出了新的要求，刘宪认为鉴定和质量监管作为保障农机化健康发展的环节，既需要法律的支撑，也需要法律的约束。农机产品田间试验周期长成本高，生产企业不愿意下功夫做，许多新产品未经过试验就匆忙推向市场，导致适应性差、故障频发，用户投诉激增。因此，完善推广鉴定制度，加强质量监管，保护农民权益是非常必要的。为落实上级要求，刘宪和同志们连续作战，多次下乡调研，夜以继日地进行资料分析汇总，在几十次反复修改的基础上，完成了《农业机械试验鉴定办法》《国家支持推广的农业机械产品目录管理办法》《农业机械试验鉴定机构鉴定能力认定办法》《农业机械质量调查办法》等规章和相关文件的起草工作，为改革完善鉴定制度、实现依法鉴定做出了贡献。

2011年，上级任命他为农业部农机推广总站和农机监理总站站长，这是刘宪再次从机关到事业单位任职，也是退休前最后一次工作变动。他没有思想准备但也没有懈怠，全力以赴从三个方面入手履行职责。一是在推广板块突破薄弱环节，促进主要农作物生产全程机械化发展；二是在农机监理板块强化安全源头管理，丰富监管手段，提高农机事故防控水平；三是在农机购置补贴技术支撑板块强化过程管理，促进补贴政策规范落实。

刘宪认为技术推广是农机化最核心的业务。中国是后工业化国家，造机器可以学习借鉴外国的经验，实现弯道超车；而怎样用好机器没有现成经验，需要我们从国情出发积极探索。从这个意义上说，农机的使用是第一位的，是推动农机化发展的原动力。作为农机化技术推广工作者，必须熟悉推广工作的方法、程序和内容，他把许多时间和精力用于研究农机的推广工作，早年他曾组织过小型柴油机节能技术方面的推广工作，并总结出一些规律性的东西，1991年刘宪获得了全国节能先进个人称号。在推广总站主持工作期间，他更多精力投入在研究农机推广体系建设上，推广内容和方式创新，指导主要农作物生产全程机械化、节水农业支撑建设项目、华北区小麦、玉米机械化高效生产基地建设项目、东北区玉米机械化高效生产基地建设项目、水稻区域生产机械化服务中心建设项目、机械化旱作节水技术集成示范基地项目、移动式拖拉机移动检测装备项目、马铃薯全程机械化生产技术集成示范基地项目等重大推广项目的实施。他还参与了保护性耕作技术的推广，丘陵山地机械化发展，养殖业、设施农业和林果业机械化技术应用，智能农机的推广应用，农业废弃物的资源化利用，节种节肥节药节油等农机化节本增效技术的评估和应用，国产农机的推广和品牌建设等项目的推广。

那些年刘宪经常深入一线开展工作，组织"三夏"和"三秋"农机跨区作业，推广新技术。他提出做好农机推广工作，不仅要推广工程技术，还要推广相关联的生物技术，坚持农机农艺融合。农机推广要加强与农业推广机构的联系，了解双方需求和工作方式。以玉米、水稻、油菜、马铃薯、甘蔗等作物生产机械化技术模式研究为重点，从作物品种、农艺模式、种植模式入手，探索农机农艺融合的技术体系。

安全监理工作相对比较专一，主要是安全法规标准规程的实施、安全监理队伍和装备建设，目的是最大限度降低事故，保障安全作业。刘宪认为安全是一切活动的前提，必须有大安全观，关注人身安全、装备安全和环境安全，通过各种方式传播安全意识。以"平安农机""文明窗口"创建活动为抓手，推动农机事故处理、免费实地安全检验、农机"三率"、报废更新与回收管理、农机保险等重点难点工作的开展。针对当年事故特点，加大了卷帘机、微耕机等机具作业的隐患排查治理力度，同类事故数和事故伤亡人数明显减少。刘宪认为农机安全使用涉及的因素较复杂，潜在风险比较多。选择设计缺陷少、安全性能优良的机器，不能只图便宜。作业方面既有机器行走的安全、机手的人身安全，更要时时关注作业辅助人员的安全，强调及时救援很重要，防止救助不及时产生严重后果。他倡导推广事故救援装备和技术。定期开展事故隐患分析，探讨农机安全互助保险等方面的课题。针对农机操作人员流动性大、新手和兼职人员多、安全意识和技能不过硬的情况，他要求通过公益广告、挂图和视频等各种方式将重大事故案例通报大家，汲取血的教训。他认为农机的保有量越来越大，作业领域越来越宽，安全方面也要不断追求完美。比如设计更好的座椅，减轻驾驶员长时间工作带来的身体劳损，制造更好的驾驶室，减轻噪声对听力的损伤，减少农药、粉尘对呼吸系统的侵害，为农机使用者提供舒适的工作空间。

改革开放吸引外国资本陆续登陆中国，以"市场换技术"缩小了中国农机产品与国际产品的代差，大批农机人走出国门，考察世界不同模式的机械化农业，思考中国道路。刘宪通过多次出国考察，对美国、加拿大、澳大利亚，以及欧洲的大农场、大农机有了深入的了解，与日韩、东南亚国家小规模经营和小农机的接触，促使他思考中国农业机械化应该走什么样的道路，应该如何去改进。1995年实施的中日农机维修技术合作项目，通过几十天全面考察日本农机维修制造销售情况，对其农机研究推广和政策也有了许多认识。特别是通过考察日本农机中介机构的作用和职能，对日后他从事协会领导工作有很大帮助。2000年他带队考察乌克兰赫尔松联合收割机制造厂，与乌方就联合收割机的技术交流与合作进行商谈，为后期引进乌克兰玉米联合收割机关键技术做了充分准备。他数次带队参加国际组织会议，考察经济合作与发展组织（OECD）农林拖拉机官方试验规则，了解国际通行的拖拉机安全标准和有关试验方法，感受到了标准规则在产品制造和市场竞争中的作用。他承担申请和承办了2005年的标准规则工程师会议，首次邀请各国专家到中国讨论拖拉机试验问题，此次活动提升了中国农机检测的国际地位和话语权，为中国拖拉机走向国际市场提供了技术支持。

河北挂职锻炼是刘宪一个重要的经历。他遵照上级要求，虚心学习，积极参与地方党委、政府的工作。全面了解当地政治、经济、文化、工农业生产、教育、社会管理、基层组织建设等情况，努力提高全局意识，以及围绕中心和大局做好本职工作。在挂职的两年间，他发挥专业优势，帮助地方农机部门推进工作。每年跟随河北跨区作业队到河南等地作业，总结推广河南辉县和河北藁城联合行动的互助模式，在引导联合收割机有序流动方面起到了很好的作用。为解决联合收割机长途转移困难，他带队去铁道部运输局协调货运列车，大大提高了转移效率。挂职期间，刘宪还参加了地方政府组织的"一对一扶贫救助"活动。救助家境贫寒的米景华，挂职两年结束回京后，仍然坚持定期为其提供学费，使一个濒临失学的少年得以继续求学。如今事业有成的米景华也一直不忘经常问候为她人生路上点亮一盏明灯的人。

回顾几十年跌宕起伏的职业生涯，刘宪说如果用一个词来概括，那就是"坚持"。坚持是一种信念，它代表着对目标的执着；坚持也是一种品性，它代表着不随波逐流和勇往直前的追求。坚持并不容易，需要自我克制，经得起诱惑、耐得住寂寞、抗得住挫折，不随遇而安，甘愿为自己所坚持的事付出任何努力。

刘宪经历了下海经商的浪潮，经历了出国热，经历了中国农机化发展低潮

2023年生物光学与智慧农业产业国际论坛与罗锡文院士、赵春江院士合影

期。许多时候人们都在问，中国究竟要不要大搞农业机械化？随着经济增长，农业劳动力的日益短缺对农机的需求逐渐旺盛。国家相继出台了促进农业机械化发展的法律和政策，7年间农机购机补贴额从0.7亿元增加到200多亿元，农业机械化迎来了快速发展的黄金期。正值年富力强的刘宪如鱼得水，活跃在各个岗位，讲实话、做实事、求实效。他善于学习思考，不墨守成规，潜心研究问题，发表了许多富有独立思考和见解的文章，清晰地再现了他职业生涯与时偕行的轨迹。

刘宪认为农业机械化不是产业，而是涉及多个产业的一个平台。这个平台承载了农业、工业和服务业。服务业包括农机售后服务、维修业和田间作业服务。平台上的三大产业相互渗透，跨界融合，形成了农机化发展的内生力量。党和国家的正确引导以及政策扶持是支撑农机化发展最重要的外部条件。无论是新中国成立初期的土地改革、新式农具推广，还是改革开放后的经济体制改革、农机工业的结构调整，《中华人民共和国农业机械化促进法》的颁布、购机补贴政策的实施，每一次农业机械化的大发展，都离不开国家政策的引导与经济上的扶持。农业机械的使用，极大地提高了农业劳动生产效率和抵御自然灾害的能力，"机器换人"成为历史的必然。几十年来日益增长的需求和源源不断的资金注入，创造了巨大的市场，来自农业的超级需求推动了农机工业的快速发展。刘宪认为需求是推动农业机械化发展的唯一原动力，而农机使用者是需求的源泉，农机手是农业机械化的主体。必须把农机手这支队伍建设好，使他们有技术、有能力来完成光荣的历史使命。国家对农业发展的支持政策应更多地向农机手倾斜，农机学术界、产业界也应该更多地听取农机手的呼声，研究他们提出的问题，满足他们的迫切需求。

　　刘宪认为相对于农机产品的开发制造，农机推广使用难度更大。多年以来"重制造轻使用"的倾向一直存在，例如从事产品研发的人员，获得的奖励和荣誉相对较多，而对农机推广应用关注不够。刘宪认为制造和使用不是简单的因果关系，有"机"自然就会有"化"，有多少"机"自然就有多少"化"的观点是不符合实际的。刘宪认为农机的制造技术研究和应用技术研究同等重要。实现农业机械化没有机器不行，没有应用技术的支撑更不行。农机制造技术体系比较复杂，既有行走机构还有若干作业单元，装备种类繁多。然而农机应用技术体系内涵更为丰富多彩，包罗万象。中华民族悠久的农业生产史是建立在手工作业基础上的，适宜机械化的种植制度、品种选育和栽培模式要研究的问题很多。

陪同蒋亦元院士出席"2004CIGR国际农业工程大会"保护性耕作和小规模可持续农业会议

　　刘宪认为小农户生产经营的格局与以规模化为手段的机械化生产要求难以匹配。在熟悉农业生产、习惯农村生活的中老年人口完全退出农业生产劳动之前，必须协调好土地小规模经营与机械化大面积作业之间的矛盾。在推进农业机械化的进程中，农机装备与农业技术融合的矛盾始终存在，必须加强适应机械化的农业技术研发，增加农业技术与农机装备的匹配融合度。刘宪认为推动农机社会化服务组织的发展是解决上述问题的有效途径。计划经济时代，每个县有一个农机修造厂，乡里也有维修服务网点。国家要给每个县的修造厂一定的钢材及刀具设备等，让他们承担维修任务。农机制造市场化了，售后服务和维修是企业的责任。"三包"期内企业可以管，但不可能承担无限责任，特别是因操作不当出现的问题。服务组织大有用武之地。

刘宪认为农业机械化是应用科学，相关研究和教育应更加密切与生产劳动相结合，花更多的时间到一线去。在坚持新型适用农机研发的基础上，更多地考虑农业机械的应用技术问题、农机维修保养技术、安全使用技术等，以及在实践中提出的新的技术要求。例如机械化收获过程中如何减少损失，丘陵山区宜机化改造，开发适用于休耕、农业生产和乡村建设兼用的技术和装备，电动农机具和智能农业机器人的研发应用，补齐动植物工厂适用装备"短板"等。刘宪认为应该投入更多资源加强农机化软科学学科建设，准确评估农业的有效需求，警惕"泛农机化"；重视亩均动力过高的状况，控制农机总动力的增长，系统研究各类装备的合理配比；防止新的一拥而上。

刘宪认为提升农机化发展质量要从现实出发，整地播种是全程机械化的关键核心环节。这一环节用工量大，特别是耕整地劳动强度大，是最早最广泛使用机械代替人畜力劳作的环节，多年积累的作业质量问题也最为突出。应该重视提升耕整播种环节机械化作业质量。智能装备的使用应该分场合。农机自动化、无人化作业，主要用于大面积长时间往复作业的场合，用于易产生疲劳感和环境恶劣的场所，例如高浓度施药、高温、高粉尘等。要想完全实现自动化无人化机械操作，从技术上讲是可以实现的，但其成本非常高昂，包括各种动态信息收集和大数据处理装备、良好的网络环境等，从效益上讲可能并不划算。人是机械化生产中最活跃、最宝贵的要素，在一些技术要求高、需要随机处置应对的环节，需要由高素质的人来操控。人不仅使用机器，还可以为改进和创新机器提供思路。机械完全替代人的思路不现实。农机运用是系统工程，涉及因素多，随机变量大，目前的 AI 难以胜任。今后若干年需要更多受过高等教育并掌握专门技术的年轻人介入其中。数字农业和智能装备还有许多功能有待开发完善，比如机群协同作业（收获与转运）、精准作业（对靶施药、精量播种、施肥），机具作业轨迹、作业量、油耗等大数据的收集分析，最佳作业路径的规划，大面积病虫害、旱涝灾情的预警和作业机具调度等。

2023年6月三夏调研期间，协会人员体验麦收劳作合影

　　2015年春，年满60岁的刘宪迎来了自己计划许久的退休生活。他渴望回归自然，寻找当年的感觉，重温曾经的兴趣和喜好。30多年来，他在不同的工作岗位上整天忙忙碌碌，不是出差在外就是加班加点无法按时回家。许多时候还要承受很大压力，甚至忍辱负重，这些他已经习以为常了。但没有很好地照顾家庭、老人和孩子，使他深感愧疚。自己年迈的父母一生操劳，半生颠沛流离，晚年才算安定下来，而在他们年老多病、需要儿女在身边的时候，他却常常缺席。父母弥留之际他都没能赶回家陪伴，此生未报父母养育之恩是他最大的心病。为了弥补对家庭的亏欠，在退休前几年，刘宪就制订了退休以后的生活计划，他准备拿出50%的时间来照顾家庭和孩子，看望亲友；再用30%的时间做自己喜欢的事情，比如养宠物、种花，参加老年大学，学习画画、摄影，看一些自己喜欢的经典影视节目，锻炼身体；剩下20%的时间可以去自己多年想去的地方，比如非洲的野生动物自然保护区，还有传统文化深厚的一些国家旅游。在身体尚可的时候陪伴家人去看一看精彩的世界。

　　计划赶不上变化。退休不久，中国农机流通协会会长多次诚邀刘宪帮忙。地点在北京月坛南街26号，这也是他大学毕业后参加工作的第一站，那时候经常加班，晚了就在办公室的椅子上睡。刘宪觉得应该去，于是暂时搁置了原本做好的计划。新工作开始不久，归农业部农机化司管理的中国农业机械化协会筹备换届，领导征求意见希望他到协会任职，他心系农机再次接受了新的安排，这一干就是9年。

　　几十年职业生涯的历练，刘宪不仅对农机化方方面面的情况十分熟悉，同时在个性修养、思想和工作方法方面都比较成熟稳健，但再次回到本行，他依然选择了重新学习，低调从事，力争上游。他认为农业机械化包含从农机科研开发、机具制造到推广应用的整个产业链。中国农机化协会是产业链中的一个因子，其使命是促进一二三产业有机衔接，为各产业、企业、用户间的信息交流、技术分享和合作互利搭建平台，提供服务。他提出了中国农业机械化协会"市场导向，服务当家"的八字办会方针，他说"市场导向"就是遵从市场的经济规律，协会的工作必须贴近市场；"服务当家"就是把服务作为立会之本，让服务来当协会各项工作的家，唱主角，要在服务内容、服务措施、服务手段和服务方式上，不断提升，不断创新。2020年，他又提出了中国农业机械化协会的办会理念：做好农机使用者的代言人。他说为农机手服务是中国农机化协会的天职，是协会社会价值的核心，协会全体员工务必全心全意为农机手服务，了解他们的需求，倾听他们的呼声，千方百计地为他们办实事。在协会工作的9年中，他提议协会创建了先农智库，出版了《农业机械化发展年度白皮书》《农业机械化研究文选》《农业机械化研究——人物卷》等智库产品，组织了庆祝改革开放40年征文活动、纪念毛主席农业的根本出路在于机械化著名论断发表60周年、庆祝中华人民共和国成立70周年等大型活动，并受到了广泛关注。

　　早年从事农业机械化标准工作的经历促使他到协会以后，提出创建协会团体标准的建议。刘宪认为团体标准的最大优势就是能够及时把新的技术装备转化成标准，制定团体标准的周期短、内容受限少，在方方面面都有灵活的优势。国际交流合作逐年增多，团体标准肯定会派上用场。他亲力亲为担任协会技术委员会主任，组织团体标准的制定，在农业智能装备、农业无人机等许多新的领域率先公布团体标准。

　　刘宪十分清楚做好调查研究工作对于解决农机化发展重大问题的重大价值，先后承担了民盟中央、国家发改委、农业部等上级领导机关交办的调研任务，组织了甘蔗机械化博览会、进口农机具博览会等新型农机展示演示活动。早年上山下乡时，他对农村的情况，老百姓的贫苦生活、卫生条件和农村儿童的生活状况就有直观的感受。后来到河北挂职两年，经常下乡或吃住在乡镇，了解农村特别是贫困家庭的情况。因此，他把扶贫作为中国农机化协会一件重要的事情来办。每年从自有资金里拿出一部分钱直接用于援助贫困农村和需要帮扶的对象，组织农机企业给贫困地区捐赠适用的农业机械，帮助他们脱贫致富。积极配合农业部农机化管理司、农机鉴定总站在河北曲阳和"三区三州"开展的扶贫工作，深入扶贫地区，了解情况，捐钱捐物，看望贫困家庭。他认为扶贫不只是"输血"，尤其要培养当地的"造血"能力。农机扶贫不仅是把机器送到了贫困户手里，还需要进行技术培训等一系列配套工作。在实际扶贫工作中，要帮助当地培养农机手，让捐赠的机器能够在当地独立地运作起来。

在协会工作的9年，他保持过去的工作习惯和工作态度，没有因为不在协会取酬，就放松工作的劲头。当选会长时，他曾经说过能够担任中国农业机械化协会的会长，对于农机人来说是莫大的责任和荣誉。他按照自己的想法，尽心尽力履行会长的职责。他收集了1983年以来自己发表的文章，整理成一百多万字的几本册子，放在协会的资料库中，供大家参考借鉴。

2022年11月11日农业工程学科创新与发展研讨会合影

刘宪深知人类在浩瀚的宇宙中是非常渺小的，作为个体更是微不足道，他常常告诫自己务必敬畏自然，想问题干事情都不能违反自然规律，必须脚踏实地、一点一滴地做好每一件事。他曾经感叹，人的一生只有在接近尾声时，才能真正察觉到生命的短暂。我们必须珍惜时光，无论遇到什么困难，都要坚持再坚持，不要虎头蛇尾，把自己应该做的事情完成好。

（作者 李雪玲）

《清逸笔耕集》作者：刘宪

人物卷 Ⅱ

○七
苏仁泰

　　苏仁泰，男，1966年9月出生于彭泽县芙蓉镇的一个小山村，中共党员。1981年从事机械维修至今，四十多个春秋，他与服务过的农机主、农机手结下了不解之缘。岁月匆匆，挽留不住时间的脚步，却让大地忠实地记录下他走过的足迹。四十余年躬身于乡村沃野，为农机手排忧解难，维修好的农机不计其数，足迹遍布整个彭泽及邻省邻县部分乡镇的田间地头，汗水洒落彭蠡之滨。为了维修好农机，保障农机的正常使用，他早出晚归、风雨无阻。因为常年钻车底修车，机手、机主、网友都调侃地称他为"钻家"。

　　苏仁泰不但为农机手维修农机，还常将农机维修心得、常见故障及排除方法付诸文字，在多家农机媒体平台发表，供农机维修同行和农机生产厂家借鉴和参考；向农机生产厂家提供合理化建议，促使农机产品升级改进，受到多家农机生产厂家和农机主的好评。如今，他已是中国农业机械化学会农业机械化分会第十届委员，中国农业机械化协会农业机械维修分会和农机手分会会员，荣获2022年农机行业十大优秀创作者奖，参与编写《2022年"三秋"农业生产农机检修技术指引》，并成为九江市作家协会会员。

　　"宝剑锋从磨砺出，梅花香自苦寒来。"2021年12月27日，中央电视台《三农群英汇》栏目以"闲不住的苏老三"为题，报道了苏仁泰师傅的事迹，引起了业界强烈的反响。网友称他"把诗和远方写在大地上，用扳手、榔头和马达代替乐器，奏响了致富路上欢快的丰收乐章"。

躬身沃野乡村　情系农机事业　苏仁泰

躬身沃土　扎根基层为农机

苏仁泰是一个60后，1981年9月他刚满16岁就开始了农机维修生涯。四十多个年头，经他手修过的农机不计其数。从12马力*的手扶式拖拉机、机耕船，到现在的1604大轮拖拉机；从早期的稻麦脱粒机拆装，到现在的有驾驶室无级变速全喂入收割机整机分解，无一不精通。古有"庖丁解牛"传为佳话，而老苏不但可以将整个"铁牛"——分解，还能从中找到"病变"，将其修复重装，使"铁牛"复活。

人们常说"台上一分钟，台下十年功"，这话一点不假。在四十年基层一线的农机维修日子里，老苏一步一个脚印，为了能及时维修故障农机，他早出晚归，风雨无阻。

每年国庆、中秋两节时，正是赣北的收割期，这个时期天气多变，常伴有大风大雨，成熟的水稻若未及时收割，就会被风雨吹倒，倒伏的水稻不仅收割困难，而且农户还会因此减产。所以农民都抢在风雨前的好天气收割，如果收割机在田间出了故障且未及时排除，则风雨过后水稻倒伏，不仅会增加收割机油耗，加剧机具磨损，水稻也会减产，并因泡水品质下降，售价降低，最终导致农民减产减收。每年的这个时期，老苏早出晚归，甚至通宵在田间抢修。多个中秋节之夜，别人阖家团圆，吃月饼赏月，他却在稻田里抢修故障农机。

江南的夏收夏种也是农民最忙的季节之一，油菜、小麦收获期正值长江中下游地区的黄梅雨季，常常是农人跟龙王比赛，"龙口夺粮"形容的就是这个时期的农事与气象。农民抢收，农机维修自然也要跟上农事的节奏。有一年，他三天两夜没合眼，在地里抢修收割机。曾有一个厂家派出维修员跟他一起体验基层抢修，一天跑下来，那位维修员第二天就不跟他干了。公司老总问维修员为什么回来？维修员说："老苏一天的维修工作量比我一个星期的还要多，他到地里都是

---

　*　马力为非法定计量单位，1马力等于735.5瓦。

一路小跑到故障机器旁，判断准确，排障迅速，手脚真的太快了，跟着他是能学到很多技能，但就是身体吃不消，他就是个干活不要命的主。"

收获季农机维修忙，播种季农机维修员也是一刻不停。很多时候，拖拉机坏在泥泞的水田里不能动，老苏常脱光衣服钻车底排障，蚂蟥叮在身上，拽都拽不下来，只能拍打或用烟火烫。看得见的蚂蟥水里无处不在，他不怕，看不见的血吸虫却令人防不胜防。欣慰的是，彭泽有血防站，每年农闲他都要去体检。老苏深知，拖拉机故障不迅速排除，就不能及时耕好田，就会导致已催芽的稻种霉烂报废，种子废了浪费钱事小，耽误农时，农民一年的收入就要泡汤了。

打药植保机出了故障也耽误不得，有的害虫繁殖快，一夜之间就祸害一大片庄稼。有次抢修植保机时由于大意，老苏浑身被药液浇湿，又没能及时洗澡换衣服，导致他农药中毒，脱险后留下后遗症，现吃辣椒或刺激性食物，皮肤就会奇痒。

有一年"双抢"期间，一台收割机在早稻田割了一半，变速箱出了故障。老苏去的时候田是干的，他钻进车底将变速箱分解，拆出损坏的转向齿轮，将其他零件都放在收割机保险罩里，拖出车底放在草堆上，再回公司取配件。回来时他傻眼了，上午的干田，被心急的农户放水泡田，水深没过脚背。好在零件未被水泡，但被烈日晒得烫手。农户催得急，脾气不好的机主就在电话里对老苏所在公司的老总发脾气。他只能硬着头皮在"上蒸下煮"的水田里拿着烫手的零件安装变速箱，人都差点中暑。修好车回到公司，老总看他浑身透湿、满身泥浆的狼狈样子，吃了一惊，以为他跟机主打架了。听他解释后，老总才安慰说："辛苦啦！"

还有一次，老苏在田间修拖拉机时突发急性阑尾炎，肚子痛得在田里直打滚，吓坏了农机手，背着他离开作业的稻田，用他的服务车将他送到医院并立即手术。术后第七天，刚拆完线就接到机主报修电话，老苏就驱车下乡为农机手服务。由于身体还没完全康复，他只得让机手动手，自己在旁边

在青岛海滩

指导机手排除故障。

精益求精　建言献策增效益

一次农忙季节前，老苏去某农机生产厂取备用配件，同行的有公司经理和前去调研的县农机局陈局长。到达后，经理和局长去企业老总那里洽谈经销事宜，他拿着配件单到仓库提取配件。在此期间，发现一款配件不达标，便要求仓管更换，仓管说只有这样的配件，他只管按单发货，要与不要与他不相干。老苏当时很生气，便要求仓管停发，他直接跑到办公楼找到公司经理，当着企业老总和局长的面，叫着说："不合格配件我不能要。"老总也不生气，亲自给他倒了一杯茶，让他先喝茶再说。老苏边喝茶边把情况告诉在场的人，老总叫部门负责人进门说了几句话，等那人离去后，老总等老苏把茶喝完说："大家都只是听到你的一面之词，我们不能偏信一方，为了公平起见，要不大家都去现场看看？如情况属实，保证把合格配件在农忙前送到贵公司。"

就这样大家一起出发，下楼一看，楼下有十多人在等候着，这些人也一同来到仓库。老总问老苏是哪个配件不达标。老苏指了一下车边的一堆配件，就有人对着图纸，拿游标卡尺测量。量好后，那人双眼望着老总。老总问道："到底咋回事？说！"那人这才开口说，图纸上标注是多少，实物测量是多少，实物与图纸相差多少。老总听闻后，气得大声训斥在场人员："你们质检、采购、仓管、安装、车间，这么多人经手都没发现问题，人家一个县级维修服务员一经手……"这时，陈局长一手拉着老苏的手，一手拍着老总的肩膀说："这是我县的农机专家！"

从那时起，老总对老苏是另眼相看，还让技术部的人员跟他多交流，咨询该厂农机的优缺点以及改进方案。

有一年"十一"假期，北京领导问老苏有没有放假，他回复说正在修车。聪明的领导当时就问："故障是不是个例？"他回复说："是整批次都有。"领导又问："有没有向厂家反馈？"他说："早已反馈，但无人理睬。"领导得知此情，马上联系厂家。他这边还没将车修好，就接到厂家打来的询问电话。他在电话里将故障现象向厂家进行了描述，并提出了合理化改进建议。在后来几天里，厂方从上到下，从领导到技术专员，电话轰炸不停，直至整改尘埃落定。之后，老苏又多次给多个农机生产企业的产品提出整改建议，都被厂方采纳。朋友问他，为厂家提供那么多整改建议，给厂家止损上百万元，又没得厂家好处，何苦这么干？他回复说："第一，减少农机故障，机主高兴；第二，减少下乡服务次数，自己轻松；第三，减少厂方开支，厂家止损增收，能用节省的资金研发更多更好的农机。一箭三雕，何乐而不为？"

业精于勤　改良工具勇创新

"工欲善其事，必先利其器"。多年的维修服务让老苏深知工具的重要性。每年都有农机维修事故发生，有的重伤导致终身残疾，有的甚至命丧黄泉。究其原因，很多都是因工具选用不当所致。因此，老苏闲暇时间就对维修工具加以改良，正因为有专用工具的帮助，他才能又快又好地为农机主服务。

那年腊月，虽然是冬闲季但老苏并没有闲着，他天天鼓捣工具，功夫不负有心人，他终于做出了一套拖拉机断腰专用工具。后经多次实战检验，又多次改进，现已基本成型。在此基础上，他又再接再厉，发明了一套不拆拖拉机驾驶室，就可以直接维修变速箱的工具，不但省去吊装拖拉机驾驶室的费用，还可以为机主节约维修时间。这两套维修专用工具，不但体积小，便于服务车携带下乡，还安全稳妥，不但见到过的农机维修同行夸好，就连"一拖"服务科专家老师看到后也都赞不绝口，说他的维修工具安全实用，结构巧妙。

中国农业机械化协会领导得知消息，鼓励他将工具搬去农机展会。只因目前还是手工制作，待找到合作伙伴，将发明成果转换，批量生产，以便能让更多维修同行受益。

2015年芜湖三山"中联重科杯"全国农机维修工竞赛前，江西三人组范小敏、苏仁泰、习志飞

桃李芬芳　技术推广共提高

"一枝独秀难成瑞，万紫千红才是春"。老苏深知一个人力量有限，就算浑身是铁又能打几颗钉？多年以来，他将每次排障现场都当成农机维修培训现场会。

现在不但全县各个乡镇都有他培养的维修机手，他还通过微信视频连线，远程指导外地机主和维修同行，帮他们排除农机故障，互相学习，共同进步。

2022年4月，他受云南理工大学张院长邀请，给本科生、研究生讲农机维修；同年7月，受江苏省农机化服务站邀请，去洛阳"2022年江苏省农机维修能人培训班"讲农机维修；同年11月下旬，受湖北省农业农村厅和湖北农广校邀请，为"2022年农广校高素质农民培育培训班"讲农机维修。2013—2014年连续两年，一家农机生产厂家派多批次进厂的大学毕业生跟他实习农机维修。

"疾风知劲草，推广勇担当"。作为一名中共党员，老苏把培训农机手作为自己的职责，不但手把手教本地的农机手维修农机，还抽休息时间将农机故障现象、维修过程、排除方法等整理成文稿，在《农机360》《农业机械》《中国农业机械化协会》《中国一拖》《农机观察》《北垦农机》等农机媒体上发表，受到业界好评。

近年来，随着国家对农机产品柴油发动机排放标准的不断升级，社会上很多农机维修人员无法像特约维修服务员那样，每年都可以接受厂方的专业技能培训，因而只能排除"国二"农机故障，不能及时为农机主排除"国三""国四"农机故障。针对此情况，苏仁泰配合洛阳丰标公司赵总，在全国各地已成功举办农机电控培训班30期。还成功为东北猫冬无事干的同行牵线搭桥，让冬闲的同行去农忙的广西南宁帮工，在增加收入的同时，还可以进行技术交流，互通有无，共同进步。

"沃野排障'铁牛'唱，振兴乡村有梦人。艺道唯勤学无止，初心不改永为民。"展望未来，苏仁泰与时俱进，一如既往地学习新技术、钻研新技能，决心做个终身"闲不住的苏老三"，更多更好地为农机手服务。

2022年7月彭泽县定山镇
响山村排除东方红804油路故障

2023年11月彭泽县长江中小岛－棉船镇
江心村冬种地里维修拖拉机

人物卷 II

○八
李民赞

李民赞，男，1963年1月生，博士。

中国农业大学信息与电气工程学院教授，中国农业大学智慧农业研究中心主任。

学习简历：

1978年3月—1982年1月　北京农业机械化学院，获工学学士学位；

1987年9月—1991年2月　北京农业工程大学，获工学硕士学位；

1997年4月—2000年3月　日本国立东京农工大学，获农业工程博士学位。

工作简历：

1982年3月—1992年6月　北京农业机械化学院/北京农业工程大学农业机械化系，助教/讲师；

1992年7月—1996年3月　北京农业工程大学/中国农业大学农业机械化系，副教授；

1996年4月—2000年3月　日本国立东京农工大学农学部，公费留学；

2000年4月—2001年3月　日本农林水产省蚕丝昆虫研究所，博士后研究员；

2001年4月—2002年11月　中国农业大学信息与电气工程学院，副教授；

2002年12月至今　中国农业大学 信息与电气工程学院，教授。

难忘的人　难忘的事
——我的农机维修经历　李民赞

我与农机维修的缘分

　　农业机械化是发展现代农业的重要支柱。新中国成立之后，党和政府就把发展农业放在重要地位，同时大力发展农业机械化事业。特别是1959年4月29日，毛泽东主席在一篇《党内通信》中提出了"农业的根本出路在于机械化"的著名论断，为我国农业发展之路指明了方向。新中国成立以来，我国的农业机械化事业走过弯路，有过不切实际的高潮、也有过低潮。但是随着改革开放和经济发展，发展农业离不开农业机械化成为全党全国人民的共识。2004年6月25日第十届全国人大常委会第十次会议通过了《中华人民共和国农业机械化促进法》，并于2004年11月1日起施行。该法的施行为我国的农业机械化事业提供了法律保证，从此农业机械化进入了稳定、高速的发展阶段，2022年我国农作物耕种收综合机械化率达到了73%，主粮作物收获已基本实现机械化。

　　农业机械化包括两个主要方面，农机装备的制造和使用推广，其中农机维修又是农机使用推广的重要内容。农业生产是一个特殊的业态，需要在有限的时间内完成既定的农事活动，否则人误地一时、地误人一年。农业机械作为农业生产的重要工具，关键时刻不能掉链子。因此，农业机械从走出工厂、走进田间之时，就离不开维护和修理。另外，农机维修面向的对象是机器，工作环境是农忙时节的农田，越是天气恶劣的时候，越要尽快使有病的农机恢复健康。我国农业和农机工作者深刻认识到农机维修的重要性，几十年来一大批科技工作者和劳动者献身我国的农机维修事业，用他们的双手和知识，促进和保障了我国农业机械化事业的健康发展。

　　我于1963年1月出生于河北省藁城县，1969年春季读小学。那时的农村没有暑假，配合农时一年有3个假期：寒假（4周）、麦假（2周）、秋假（6周）。1977

年我读高中二年级，秋假期间帮着生产队"三秋"的时候听到广播恢复高考，对于农村孩子无疑是一声春雷，当时不知天高地厚，自信肯定能考上大学。觉得总算可以凭自己的努力跳出农门了。高考揭榜，我真的被华北农业机械化学院（简称北农机）录取了，从来没听说过这个学校，当时它在离家不远的河北省邢台市。虽然不理想，但能上大学总是高兴的事。1978年3月6日（15岁零三个月），我兴冲冲到邢台报到，并了解到原来这是一所全国重点大学。其前身是北京农业机械化学院（以下简称北农机），20世纪60年代末的动荡时期，先后全部或部分搬迁到河南、重庆等地办学，1975年搬到河北省邢台市才算安定下来，从零开始建设新校舍，校名也变了。我入学时宿舍有了，但教室没有，我们就在建筑公司的仓库里上课。

我入学后听了入学教育，才了解到北农机的光荣校史。学校还请到了当时的农业部常务副部长朱荣同志介绍世界农业发展趋势，了解美国等农业先进国家的农业机械化程度，我一个农家子弟对这些都感到新奇，从此喜欢上了这个学校，也喜欢上了农业机械化事业。更为幸运的是，在当时校领导的努力和国务院的关怀下，批准北京农业机械化学院整体迁回原校址办学并恢复原校名，从此我也成了一名北京的大学生。在邢台的77级、78级大学生先后于1979年9月和12月来到北京，79级以后的学生就直接到北京报到了。1982年1月，我大学毕业就留校当老师了，任职农机修理教研室。我干一行爱一行，也喜欢上了农机维修事业，从此在这条道路上不断学习、不断提高，我亲身体会了许多前辈的渊博学识、高风亮节，也和许多同辈、晚辈通过工作建立了深厚的友谊，大家也许没做什么轰轰烈烈的事业，但是通过各自的辛勤努力，为我国的农业机械化事业和农机维修事业默默奉献。我这里只撷取一些我亲身经历的小事，共同回忆农机维修事业风雨70年。

寻觅农机维修事业发展的足迹

北农机复建初期条件很艰苦，但是优先建设了教学设施，以保证教学。众多教学课程里，农机修理被放在了重要位置，因此学校优先建设保证农机修理教学和实习的标准车间，配备了一大批青年教师充实到农机修理教研室，他们后来也都成为我国农业机械化事业的骨干。比如北京农业工程大学（北农机改名）原校长翁之馨、农业部农业机械试验鉴定总站原站长张金魁、农牧渔业部农机化局修理处原处长瞿名扬等。

北农机的农机修理学科的第一代带头人是陈立教授，他也是新中国第一代农业工程学科带头人。众所周知，1945年美国万国农具公司向中国教育部提供奖学金，招收20名中国研究生赴美国攻读农业工程硕士学位，这20人里面包括北农机的前副院长（副校长）曾德超院士、农业部规划设计院前院长陶鼎来先生、中国农业机械化科学研究院前副院长兼总工程师王万钧先生等学界泰斗。同期也有其他渠道赴美留学的学生，包括陈立先生、马骥先生、蒋耀先生、柳克令先生等。这一代人回国后成为新中国农业机械化事业的骨干力量，为我国的农业机械化发展做出了重大贡献。由于北农机的地位和陈立先生的影响力，他在20世纪五六十年代成为全国农机修理学科的旗帜，培养的研究生也成为我国农机维修领域的骨干。改革开放后，新的科学技术不断涌现，系统工程成为前沿学科，而农机维修也强调从系统工程观点出发，确定维修规划。与陈立教授同时期留学的柳克令教授在北农机创建了系统工程教研室，陈立教授则在80年代初期直接从北农机调到了中国科学院系统科学研究所，专职从事系统工程研究。陈立先生曾担任中国系统工程学会第一届和第二届理事会的常务理事，而钱学森先生生前一直担任该学会的名誉理事长。1982年我毕业分配到北农机修理教研室时，陈立先生已离开学校，但是从同事们的言谈话语中我知道陈立先生总是西装整洁、学风严谨，遗憾的是我一直没有机会亲耳聆听他的教诲。

为了促进我国农业机械化事业的发展，1963年成立了中国农业机械学会，至今恰好一甲子。第一届理事会就设置了农机运用修理专业委员会（主任委员陶鼎来），之后由于"文革"，学会活动处于瘫痪状态。1978年恢复学会活动并调整领导机构，农机运用修理专业委员会主任委员调整为陈立。第二届理事会（1980—1984年）农机运用修理专业委员会改为农业机械化委员会，主任委员李翰如，他是1945年赴美留学20人中的一员，曾任北农机的副院长。从第三届理事会开始设置独立的农机维修委员会，各届主任委员如下：

第一届（1963—1980年），陶鼎来（1963—1978年）、陈立（1978—1980年）；

第二届（1980—1984年），李翰如；

第三届（1984—1988年），杨秋苏；

第四届（1988—1993年），徐德武；

第五届（1993—1998年），李昶杰；

第六届（1998—2002年），梅书文；

第七届（2002—2006年），梅书文；

第八届（2006—2010年），崔奎顺；

第九届（2010—2014年），崔奎顺；

第十届（2014—2018年），刘庆余；

第十一届（2018—2022年），刘庆余；

第十二届（2022年—），刘庆余。

第三届主任委员杨秋苏先生属于第二代农机维修的领军科学家之一，他原先在国内的一所重点农业大学修理教研室任教，改革开放后调到中国农业机械化科学研究院，曾任副总工程师。由于北农机和中国农机院是近邻，我曾多次聆听杨教授的演讲。杨教授学识渊博，从他的著作中就有充分体现，数量虽然不多，都是农机维修的经典，且有时代特征。1959年杨教授就翻译了苏联专家乌利门的著作《修理拖拉机的部件法》（农垦出版社）。改革开放初期的1982年，翻译了美国约翰·迪尔公司编写的《零件损坏的鉴定》（上海科学技术出版社）。1995年为了加强农机维修教育，主编了《农业机械修理学》（中国农业出版社）。杨秋苏教授还对我国农机维修体制的建设、农机维修企业的发展做过深入的研究，有独到的见解，发表了多篇相关的学术论文。

第四届主任委员徐德武，时任农业部农机维修研究所所长。该所创建于1962年，原名中国黑龙江海伦县农机修理研究所。1964年迁到黑龙江省呼兰县（现哈尔滨市呼兰区），改名黑龙江省农业机械修理研究所。农业部（1982—1988年改称农牧渔业部）为了促进全国的农机维修事业，1983年起和黑龙江省共建农业部农业机械维修研究所，被业内昵称为"呼兰所"，为全国农机维修技术的发展和交流发挥了重要作用。进入21世纪后，呼兰所再次进行机构改革，更名为农业部（黑龙江省）农业机械维修研究所，以黑龙江省管理为主。2018年黑龙江省农业机械维修研究所并入黑龙江省农业机械工程科学研究院。

第五届主任委员是时任农业部农业机械化司副司长的李昶杰先生。李司长负责司里的工作，也特别重视农机维修事业，在时任农机化司修理处（企业指导处）刘宪处长的具体负责下，把农机维修分会的工作推到了一个新的阶段。我当时担任中日政府间合作项目"中日农机维修技术培训中心"的负责人，李昶杰司长和刘宪处长是该项目的中方政府代表和具体指导，和二位有了长期深入的接触，关于中日维修项目后面会详细叙述。在李司长任主任委员期间，我有幸参与筹备了1995年10月在北京召开的第七次全国农机维修学术会议。图片是会议代表合影。李司长恰好司里有重要会议，只参加了开幕式，未能参加合影。会议由农机化司企业指导处处长兼农机维修学会副主任委员刘宪主持，国内农机维修界主要专家都出席了。前排中间位就是前面提到的杨秋苏教授，杨教授右边是我国农机维修界泰斗之一、机械工业部中国农业机械化服务总公司总工马镜波先生，马先生一生从事我国的农业机械化事业，发挥了农机维修技术定海神针的作用。通过中国知网了解到，1960年马镜波先生就在《中国农垦》杂志发表了《机具修理先进经验》的文章。马镜波先生右边是时任呼兰所所长梅书文先生，当时兼任农机维修分会常务副主任委员。梅所长连续担任第六届、第七届（1998—2006年）农机维修分会主任委员，在相当长一段时间内是我国农机维修界带头人之一。

1995年10月第七次全国农机维修学术会议代表合影

梅所长的右边即主持会议的刘宪先生。刘宪是北农机79级高才生，是北农机恢复北京办学后招收的第一届学生。1983年刘宪毕业答辩时，时任农业部农机化司修理处瞿名扬处长专程到学校听讲考察。毕业后刘宪即分配到农机化司工作，从此一直为我国农业机械化事业不懈奋斗，从修理处（企业指导处）副处长、处长，再到农机鉴定总站副站长、农机化司副司长、农机推广服务总站站长，目前他担任中国农业机械化协会会长。我在"中日农机维修技术培训中心"工作期间，刘宪先生作为项目的政府直接领导，和我有着长期紧密的工作联系。

刘宪右边是北京农业工程大学陈光中先生。陈光中先生是我国农机维修学科第二代领航学者中的杰出代表，在陈立先生之后长期担任北农机（北京农业工程大学）农机维修学科的带头人，是我人生的引路人和硕士导师（后面会详细介绍）。前面左二是史俊珍老师，她是我大学金工课程的老师，后来到农机化司工作，在刘宪之前担任农机化司修理处处长。

与会代表都是全国农机维修界的知名学者和各省份农机化局负责农机维修的领导，包括农机化司修理处的吕玉芝女士（2排左2）和王桂显先生（4排左3），先后在呼兰所和东业农业大学工作的梁俊爽教授（4排左1），陈立先生"文革"前的研究生北农机籍国宝教授（王桂显先生右边），河南农业大学段铁城教授（籍国宝教授右边），他们都是农机维修学者中的佼佼者，恕不一一介绍。

从第六届开始，担任中国农机学会农机维修分会主任委员的梅书文、崔奎顺、刘庆余，都来自农业部（黑龙江省）农业机械维修研究所。在新的形势下，他们奋发创新，探索农机维修技术研究、应用与推广的新路子，同时热心支持学会事务，为新世纪农机维修技术的发展做出了突出贡献。

刘宪同志担任中国农业机械化协会会长之后，领导协会针对我国的农业机械化事业发挥智库作用，献计献策，同时仍继续关心农机维修领域的发展和农机维修学会的发展。2017年10月12日在中国农机学会农机维修分会2017学术年会上，刘宪做了《对我国农机装备行业的十点建议》的专题报告。报告除对我国农机装备行业提了十点建议之外，还用相当长的篇幅论述了新时期农机维修事业的现状和发展方向。报告指出，装备制造业的转型升级必然要求农机维修行业从"锤子、扳手时代"向"电脑检测维修时代"迈进。传统的维修手段和维修体系已经很难满足新阶段的农机维修需求，应打造区域农机安全应急救援中心和维修中心，以农机合作社维修间和农机企业"三包"服务网点为重点，推动专业维修网点转型升级。刘宪还就具有专业知识和维修技能的人才培养、农机维修基础设施与设备升级、农机维修学会的活动提出了建议和期望，这些建议和期望目前仍具有现实指导意义。

几位农机维修事业的大师

在我参加工作后的40余年间，我接触到了许多农机维修领域的领导、学者、大国工匠、企业家，他们的品德和精神都给我留下了深刻的印象，鞭策我克服前进道路上的艰难险阻，不屈不挠、勇往直前。我对其中4位各具特色的学者尤其印象深刻，成为我的人生楷模。

陈光中

陈光中先生是我的引路人和硕士导师，1982年刚参加工作就在他的麾下工作，我的每一个进步都不开他的指导和支持。但是惭愧的是我竟然对他早年的经历不是很清楚，作为晚辈和弟子我倍感羞愧。

陈光中先生毕业于北农机。北农机1952年成立并于当年招生，同时原北京农业大学农机系的51级和52级学生也合并到新成立的北农机，并与北农机新招的52级新生统一编班。汪懋华院士即是1951年考入北京农业大学，1952年合并到北农机与52级学生一起重新读一年级，1956年毕业（北京农业大学与北京农业工程大学1995年再次合并成立中国农业大学）。在北农机成立初期，还有一批学校合并到北农机，这些学校包括：中央农业部机耕化农业专科学校、华北农业机械专科学校、平原省农学院等，合并的学生大部分作为55届大学生毕业。陈光中先生即为当时合并来的学生，他也本应1955年毕业，但是由于建校初期学校急需一批学习成绩好、动手能力强、有闯劲的青年充实到教师队伍，参与学校建设，陈光中先生于1953年特批毕业走上了工作岗位。

陈光中先生天资聪明、心灵手巧，其动手能力尤为全国农机维修界人士所称道。在陈立教授领导北农机修理教研室的时候，他本人主要开展机械摩擦磨损等基础性研究，陈光中先生则主要负责农机维修技术体系的发展。等陈立先生调到中科院系统科学研究所之后，陈光中先生不仅继续推进农机维修技术的发展，同时也担负起农机维修的基础研究。在发动机活塞气缸磨损机理研究、工程机械磨损机理及减磨技术研究、发动机曲轴磨损机理研究等方面都取得了具有理论意义和应用价值的成果。

陈光中先生最大的贡献还在于对农机维修学科发展的贡献。改革开放之后，面对新形势，他一直在思考农机维修学科的主干是什么，大学的农机维修怎么搞等问题。1983年陈光中先生就与马镜波先生等一起发表了《关于建立设备维修工程学科的设想——设备维修工程学科的任务与范畴》的论文，详细论述了设备维修工程的学科体系。同时在20世纪80年代初期，他就敏锐地感觉到，新时期的农机维修应该注重可靠性工程和机械故障诊断技术。陈老师发挥他的影响力，先后举办了多次全国性的面向农机维修领域的可靠性工程和机械故障诊断技术讲习会和培训班，总体上显著提高了我国农机维修学的基础理论水平。我有幸参与了

相关活动的筹备与组织工作。下图是其中一次研讨会与会代表的合影，我本人在第一排，我后边的4位是和我同一个教研室的欧南发老师（站立者）、籍国宝老师、程小桐老师、焦恩元老师（自左至右）。中间站立者是河南农业大学段铁城教授，段老师的左后方是北京建筑工程学院的费宗惠老师。

农机维修研讨会部分与会代表的合影（1985年）

第一期可靠工程讲习班于1983年在前述的北京市八一农业机械化学校举办，费宗惠的丈夫张荣华校长给予了大力支持。据说该学校是1960年由解放军支援建设的，为了纪念和感谢解放军，特将学校挂名"八一"二字。随着北京市农业职业教育的改革发展，八一农机校已成为北京农业职业学院清河校区（机电工程学院）。开班仪式上，陈光中老师特别邀请了航天部（现在的中国航天科技集团公司）标准化研究所副所长何国伟先生上第一课。何先生有着极丰富的可靠性工程的经验，他讲课没有讲稿，讲起来天南海北、旁征博引、引人入胜，例子随手而来且生动形象。他主要从事电子元器件的可靠性研究，面向我们农机维修工作者，他以国产电视机为例讲解了电子器件和机械零件可靠性参数的异同，这些知识让我终身受用，至今我的脑海里还能浮现他讲座的风采。

从1984年起，陈光中先生组织了多次机械故障诊断全国性研讨会和学习班。西安交通大学的屈梁生教授（2003年当选为中国工程院院士）是公认的我国机械故障诊断的两位领军专家之一（另一位是曾任华中理工大学校长的杨叔子院士）。1958年，屈梁生教授随交通大学西迁来到西安，但还是和上海有着紧密的联系。1983年上海科委举办机械故障诊断学习班，全程邀请屈梁生到上海主讲，陈光中先生即派我参加学习班，同时邀请屈梁生为我们农机维修人员讲授机械故障诊断技术。那是我第一次出差而且是远门，当时坐硬座到上海需要20个小时左右。出发前所有人叮嘱我这个刚满20岁的小伙子，上海人欺生，不喜欢外地人，一定要我小心。没想到列车上遇到的人都很热情，一位北京出差返沪的上海人听说我第一次出差，下车后主动帮我联系旅馆，安顿好后他才回家。在学习班上，西安交大来的屈教授说上海话或上海普通话，对我来说有一定困难，但和蔼可亲。当我邀请他到我们的讲习班讲课时，屈教授毫不犹豫、慨然应允。这次平生第一次的出差圆满成功，从此不论是国内还是国外，我再也没有怵过出差。后来我在陈老师的领导（督促）下在北农机筹备开设《农机故障诊断技术》课程并编写讲义，曾专程到西安请教屈梁生教授，他在家里接待我，耐心给我讲解，并送给我一大批参考书和资料，这是后话。

等到1984年我们在北京市怀柔举办全国性机械故障诊断技术研讨会时，屈教授由于工作关系抽不开身，不能亲临指导，派了他的学生和助手何正嘉老师来讲课。何老师当时年轻有为、基础知识扎实，普通话也更容易听懂，讲课也非常成功。这次何老师来讲课还有一件小插曲。何老师清秀稳重，一副学究气，他从西安到北京之后我从北京站接他去怀柔。何正嘉先生也在机械工程领域取得了举世瞩目的成就，2011年曾成为中国工程院院士增选第二轮有效候选人。但是天妒英才，2013年年底因病与世长辞，未能实现院士的志向。

这次的讲习班除了何正嘉老师讲授故障诊断基础知识外，陈光中先生还邀请了两位在其他领域开展机械故障诊断研究和应用的专家介绍经验，引起了与会农机维修工作者的极大兴趣，他们介绍的技术很快就在农机维修领域得到了应用推广。一位是交通部公路科学研究所的吴寿铮先生。吴先生鹤发童颜、精神矍铄，在我国率先开展汽车检测线的引进和消化吸收。受他讲座的影响，多个参加研讨会的代表回到自己的学校或研究所之后开展了农机检测技术的研究。陈光中先生也与山东农机局合作开发了小型拖拉机油耗－功率测试仪并推广了数千台，为保持拖拉机的良好工作状态及节油发挥了重要作用。另一位专家是北京市机械施工

公司的訾毅先生。訾毅先生是北农机1966级的大学生，1970年毕业。那个时期在校时没有学到啥课程，但是工作之后兢兢业业、刻苦钻研，做出了突出成绩。改革开放后，北京市开始了大规模的基础设施建设，訾毅所在的北京机械施工公司正逢其时、如鱼得水，为北京的发展发挥了重要作用，但同时如何科学管理一大批大型工程机械成为绕不开的难题。当时訾毅担任第三分公司的总工程师，他在国内率先改革了传统的计划预期检修制的机器维修策略，新策略概括为定期检查、定向修理、预防保全。他的成功经验很快在北京机械施工公司得到推广。訾毅介绍的经验得到了研讨会代表的共鸣，为改革农机维修制度提供了重要参考。

为了邀请到这两位专家，陈光中先生和我骑自行车分别拜访了吴寿铮先生和訾毅先生。交通部公路所就在蓟门桥旁边，从北农机骑车过去不算太远。但北京机械施工公司第三分公司从五棵松往南还有好远，已经出了市区（当时），陈老师带着我骑车起码去过两次，一次去参观，一次去商定日程，每次我跟在陈先生后面紧蹬才能跟得上。第一次研讨会之后，我们和这两位专家建立了深厚的友谊，多次邀请他们在我们农机维修的学术会议上做报告，也邀请他们参加学生的毕业答辩。图片即为吴寿铮先生和訾毅先生参加1985年本科毕业设计答辩时的合影。后排右1是陈光中先生、右3是吴寿铮先生、左3是訾毅先生。前排中间的学生是王心颖同学，她的毕业设计题目是《拖拉机故障检测线设计》。由于学习成绩特别优秀，王心颖毕业后被分配到农业部农机鉴定总站，先后担任过鉴定总站信息化处处长、质量监测处处长等重要职务，二级研究员，国内著名农机化专家。

1985年6月北京农业工程大学农机修造专业部分学生答辩会

邝朴生

邝朴生先生1938年12月出生在广东省南海市，1959年毕业于北农机，毕业后分配到河北农业大学机电工程学院任教至今。1983年任副教授、系副主任，1987年任教授、系主任，1994—2000年任机电工程学院院长。1993年享受国务院政府特殊津贴。曾任河北省政协常委，保定市政协副主席，两届保定市劳动模范。

邝朴生先生是名门之后，祖父邝孙谋1874年被清政府选为第三批留美幼童，1882年回国后从事铁路的建设与管理，是我国最早的铁路工程师。1906年升任粤汉铁路总工程师，1920年任京绥铁路和京汉铁路主管，1921年任平绥铁路总工程师兼平汉铁路顾问工程师，同时为中美工程师协会会长、中华工程师学会会长。邝孙某另一项旷世奇功是举荐同乡詹天佑从事铁路工程工作，使詹天佑的铁路才能大放光彩。

邝朴生先生从参加工作到20世纪末，主要从事机械工程维修及诊断工程。1990年以来担任中国农机学会基础技术学会副理事长、中国机械工程学会诊断委员会副主任、河北省人工智能学会副理事长等职务。邝朴生先生学术成果丰硕、著作等身，其学术成就特别体现在对新技术的敏感和创新。他能敏锐地发现农机维修领域的新科学、新技术、新成果，然后消化吸收再创新，并用于农业机械化和农机维修生产实际。

针对农机液压系统的状态检测和故障诊断，邝老师先后开发了拖拉机综合液压试验台、直读式液压检查仪以及通用液压试验台，研发成果通过部级鉴定、获河北省科技大会奖并实现投产推广。出版了一部专著《拖拉机维修工作手册——液压分册》。

在维修学科建设和维修技术发展方面先后参与编著了《拖拉机修理学》和《机器维修工程学》两部统编教材。先后出版了两部专著：《现代机器故障诊断学》和《设备诊断工程》。前者被认为是机械故障诊断领域的代表性专著，后者被多所高校选作本科生、研究生教材。主持完成的科研项目主要有"故障诊断专家系统及生成工具"（河北省项目）、"汽车拖拉机及工程机械故障诊断专家系统"（农业部重点项目）、"故障诊断模糊逻辑理论"（获厅级一等奖）、"基于知识——数学模型的机械事故报警及寿命预测"（河北省自然科学基金项目，获厅级一等奖）。

毫不夸张地说，邝朴生教授是我国最早在农业机械化领域开展人工智能研究的学者。早在20世纪80年代邝朴生先生就和国外归来的杨庆教授牵头成立了河北省教育厅备案的河北农业大学人工智能研究中心，在人工智能理论及人工智能在农业领域的应用取得了大量成果，尤其是在农业专家系统生成工具方面成果显著。代表性成果有农业专家系统生成工具、小麦病虫害综合治理决策支持系统、棉铃虫害预测人工神经元网络、铸铁焊修专家系统等。在20世纪末，邝朴生先生紧跟国际现代农业发展趋势，与汪懋华院士一起介绍推广精细农业技术，出版国内首部精细农业专著《精确农业基础》。

邝朴生先生知识渊博、语言风趣幽默，退休后仍孜孜不倦地学习并参加农业机械化的活动，开设的选修课"创新科学"学生们踊跃选课，好评如潮。邝朴生先生在总结教学经验的基础上，出版了专著《创新学》。邝朴生先生作为顾问专家曾参加汪懋华院士主持的中国工程院重大咨询项目"农业机械化发展战略"研究。下图是邝朴生先生（后排左5）随项目组考察黑龙江农垦农业机械化，最下面的图片是年过八旬的邝先生仍在学习新知识新技术。

考察黑龙江农垦农业机械化（2007年）

年过八旬的邝朴生先生仍在不断学习

邝朴生先生还有一个了不起的成就，就是桃李满天下，培养了一大批优秀的学生，例如：

张孟杰：新西兰皇家科学院院士（Fellow of RSNZ），IEEE会士（Fellow of IEEE），IEEE杰出讲席教授（IEEE Distinguished Lecturer），惠灵顿维多利亚大学工学部副部长兼工程与计算机学院科学研究委员会主席。

滕桂法：河北农业大学信息科学与技术学院院长，教育部高等学校大学计算机课程教学指导委员会委员，河北省教学名师。兼任河北省数字农业产业技术研究院院长、河北省农业智能装备技术研究院院长、河北省农业大数据重点实验室主任。

刘刚：中国农业大学教授，农业部农业信息获取技术重点实验室主任。2006年入选教育部新世纪人才支持计划。中国农业工程学会青年科技委员会副主任委员，北京农业工程学会农业信息化分会主任委员。

段铁城

河南农业大学农机系修理教研室的段铁城教授是另一位让我无限景仰的农机维修界前辈。我第一次见到段老师是在机械故障诊断学习班上，虽然当时他人已到中年，但给我的第一印象还是挺拔英俊、玉树临风。深层接触后我进一步体会到段老师对农机维修事业的独到见解和对新知识的追求。

段老师是1932年12月出生于河北省滦县，1950年9月至1956年1月在东北农学院农机系学习，1956年1月至1962年10月在东北农学院任教，1962年10月起任教于河南农学院（即现在的河南农业大学），1978—1985任农业机械系主任（即现在的机电工程学院），1985年9月任河南农业大学教务处处长，1989年1月任河南农业大学科研处处长，是享受国务院政府特殊津贴的专家，1997年12月退休。段老师一生潜心研究，严谨治学、锐意创新，他集半生的研究成果出版了一部学术专著《农机维修系统管理工程》（主编段铁城，副主编刘宪、吕玉芝）。该书全面、严谨地建立了一套农机维修管理系统理论，被原农业部农机化司誉为农机维修经济学研究领域的"国宝"。根据中国知网的不完全统计，段老师发表了农机维修有关的学术论文9篇，内容涵盖农机修理技术、故障诊断与分析基础研究、农机维修体制等，最早一篇是1981年发表在《河南农学院学报》上的《化学镀镍耐磨性研究的进展及应用条件的探讨》，最后一篇是2003年在第十一次全国农机维修学术会议论文集上发表的《农机维修系统的发展与现代维修管理理论》。

更难能可贵的是段老师对新技术新知识的孜孜追求。现代技术的代表是信息

技术的快速发展和在生产生活各个领域的广泛应用，信息技术的基础是传感器和传感技术。段老师在科研与教学中深刻体会到传感器和传感技术的重要性，从20世纪90年代起，致力于土壤养分和作物生长传感器的开发。1992年响应党中央把自己的学术研究成果转化为生产力的号召，创办了校办企业河南农大机电技术开发中心，2003年改制为校办股份制企业河南农大迅捷测试技术有限公司。段老师开创了中国土壤肥料速测技术先河，为我国土壤和食品安全快速测试技术的发展做出了巨大贡献。段老师教书育人、诲人不倦，为河南农业机械领域培养了大批杰出人才，例如

段铁城先生的专著
《农机维修系统管理工程》

河南农业大学教授、国家小麦产业技术体系岗位科学家（农机）、河南省农业机械学会理事长、河南省农业精准作业技术与装备工程研究中心主任王万章教授，河南农业大学机电学院副院长、河南省农业激光技术国际联合实验室主任胡建东教授等。我从1996年赴日留学之后，博士论文以及学成回国后的研究也是聚焦传感器开发，我又一次从段老师的成果中汲取了丰富的营养，也与段老师的高足王万章教授、胡建东教授建立了深厚的友谊和紧密的合作关系。

辜宣鸿

东北人给人的印象是豪迈直爽、酣畅淋漓，但我第一次见到东北农学院（即现在的东北农业大学）的辜宣鸿教授，即为他的儒雅风范所折服，他举止彬彬有礼、从容自若。原来辜先生是广东省汕头市人，1935年3月出生，1952年于香港岭英中学毕业后考入东北农学院农业机械系读书，1956年大学毕业后留校参加由苏联专家指导的机器修理研究班。1958年研究班毕业后一直任教于东北农学院农业机械系机器维修教研室。历任教研室主任，中国农机维修学会理事及学科建设与教育培训专业组组长，黑龙江省农业机械学会副秘书长、常务理事，黑龙江省内燃机学会维修技术专业委员会副主任，东北农业大学学位评定委员会委员，全国中文核心期刊《农机维修》及《农机化研究》杂志编委等职。1979年他参编《拖拉机修理学》全国统编教材，1989年主编全国高等农业院校统编教材《机器维修工程学》及《农机维修常用名词术语》，1992年参编农业部《农机修理工技术培训》统编教材并任编委。1984年2月至1985年2月在美国伊利诺伊大学农业

工程系访学期间深入考察了美国汽车及动力机械的维修工艺和组织情况。1985年回国后参加并协助机械工业部组织赴美动力机械维修考察组，进一步对美国动力机械维修情况进行全面考察。1987年受农牧渔业部教育司委托主持全国高等农业院校农机化专业"农机修理学"教学研讨会并制定教学大纲。

辜先生在柴油机燃油喷射系统维修工艺方面的研究成效卓著，20世纪60年代对柴油机喷油泵精密耦件修复工艺的研究，为国有农场进口机械解决了配件短缺的困难。1980年对我国自行设计生产的新泵型Ⅱ号喷油泵的修理调试工艺进行研究，主持召开全国"Ⅱ号泵修理调试研究会"，提出了科学调试和装配工艺标准，并由中国农业机械化服务总公司拍成教学电影，以试行标准向全国农机修造厂推广，并取得了很好的效果。1985年为大庆油田总机械厂修理分厂燃油系修理车间进行密封厂房及工艺技术改造，并投入生产。1988年以来，为解决喷油泵维修调试中，油量标准混乱所造成的油料浪费及环境污染问题，根据维修行业的特点，提出了油量基准传递技术和组织措施，并为农业部组织培训班在全国推广，从而取得了巨大的社会效益和经济效益。

辜先生为我国农业机械化事业和农机维修事业培养了大量的优秀人才，像东北农业大学工程学院前党委书记/院长、国家大豆产业技术体系岗位科学家陈海涛教授，昆明理工大学现代农业工程学院前院长、中国农机学会农机维修分会副主任委员、云南省农业工程学会理事长张兆国教授都是其中的优秀代表。辜先生的公子、华南农业大学工程学院辜松教授也从事光荣的农业机械化事业，他和我在日本留学时是同学，现在是广东省农业机械学会设施农业专业委员会主任、广东省设施园艺产业技术创新联盟会长，国内著名的设施农业专家。

辜宣鸿先生于2017年仙逝。辜先生的同事好友曾做小诗悼念辜先生，诗中写道："谦谦君子，温润如玉，煌煌学人，桃李芬芳。"这也是我们大家的心声。

东北农业大学辜宣鸿教授

中日合作项目——中日农机维修技术培训中心

项目建设经纬

1972年9月29日，中日两国政府正式签署《中日联合声明》实现了邦交正常化。1978年8月12日，中日两国政府又签署《中日和平友好条约》。自此之后，中日两国之间的交流和合作进一步扩大，其中通过日本国际协力机构（Japan International Cooperation Agency，以下简称JICA）渠道的合作项目为扩大中日交流和合作发挥了重要作用。

JICA是直属于日本外务省的政府机构，根据JICA的章程，它以培养人才、无偿协助发展中国家开发经济及提高社会福利为目的而开展国际合作。像大家熟悉的中日友好医院、中国消灭脊髓灰质炎项目等都是JICA利用无偿方式实施的合作项目。有不少日本友好人士痛感日本军国主义的滔天罪行，他们真心愿意促进中日交流和合作，真心期望中日两国人民世代友好。在这些友好人士的努力下，就诞生了中日合作项目——中日农机维修技术培训中心。

日本来自熊本县的国会参议员田代由纪男在抗日战争期间到过中国，因此对日本的军国主义罪行有负罪感，一生致力于中日友好。田代先生做过很多有益于中日友好的事情，其中对农业机械维修情有独钟，因此发挥他的影响力，在20世纪80年代后期极力游说日本外务省和农林水产省，利用JICA资金建设一个农机维修的项目，提高我国的农机维修技术水平。在田代先生的努力下，1991年开始JICA和日本农林水产省派出了三批调查团，探讨项目的可行性和实施方式。作为政府间合作项目，我国在农业部的领导下，由北京农业工程大学修理教研室组成专家团，和日方进行了艰苦谈判并达成共识，认为培养高质量人才才是提高我国农机维修技术水平的重要途径。1991年底，农业部（农机化司代表）和JICA正式签署协议，由JICA提供6亿日元资金，中方提供基础设施，在北京农业工程大学建设中日农机维修技术培训中心，以培养高级技术人员为主。另外，在北京市昌平县农机局和河北省遵化县农机修造厂分别建设2个分中心，以培养基层技术人员为主。项目于1992年4月1日（日本的财政年度从4月1日开始）启动。

作为农机维修的国际合作项目，农业部给予了大力支持。农业部暨农机化司成立了以李昶杰副司长为组长的领导小组，由农机化司修理处（企业指导处）刘宪处长担任项目的业务主管领导。这个项目也是北京农业工程大学历来最大的国际合作项目，学校从领导到专家齐心协力努力工作。校长翁之馨积极参加项目的各项活动，学校指定一名副校长担任中心主任，由于工作变动，先后有郭佩玉、傅泽田、李里特3位副校长担任中心主任。项目开始时任命了两位副主任，分别是日本留学归来的邹诚博士和我。我当时不到30岁，不修边幅，但是15岁上大学被认为有培养前途，并是第一个到日本研修的（1992年10月至1993年5月）。谁知研修回国后邹诚博士因工作关系再次出国，我就开始独自承担项目的具体工作。刚开始从日方到学校都捏一把汗，既鼓励我放手工作，又担心捅娄子。没想到几年下来摸爬滚打，获得了项目同仁和领导的一致好评，因此日本大使馆还特别提供了赴日攻读博士的机会和经济资助（仍属于项目资助的一部分）。在这样的背景下出国，一开始就计划好了学成归国。

学校还任命仪洁老师为项目顾问。仪洁老师是北农机自己招收的第一届大学生，这一届学生成为全国农机化事业的栋梁之材。仪老师毕业后留校在农机修理教研室工作，也成为国内农机维修行业的知名专家。前述的日本国会议员田代由纪男游说日本政府建设中日农机维修合作项目时，鉴于北京农业工程大学的影响力，首先联系了学校，当时仪洁老师担任农机修理教研室主任，立即意识到日方建议的意义。她一方面说服翁之馨校长（仪老师的同学）积极主动申请项目，另一方面陪同翁校长会见当时的农机化司司长宋树友，得到了农机化司的支持。具体谈判中仪老师又以她扎实雄厚的农机修理专业知识，为协议的顺利签署打下了基础。项目正式启动后仪洁老师已办理退休手续，但仍被学校任命为项目顾问，为中日维修中心保驾护航。

每年年底JICA和农业部组织年度总结会，会上总结经验、发现问题、规划来年。图片是1995年度联席会议的照片，前排从左至右依次为：刘宪处长、日方长期专家铃木茂己、JICA中国事务所官员、翁之馨校长、日方专家组长谏泽健三、李昶杰副司长、JICA中国事务所所长、副校长兼中心主任傅泽田、JICA中国事务所官员。后排是部分日方专家和中方项目官员（左1是我本人）。

1995年度中日双方联席会议

　　项目建设过程中，中日双方专家齐心协力，相互理解，相互支持，建立了深厚的友谊，图片为中日中心双方专家共同参加学校运动会，2排左4是翁之馨校长，2排左2是傅泽田副校长，前排左3是仪洁老师。照片里有6位日本专家：修理技术专家山本义辉（前排左2）、培训专家辻本寿之（前排右1）、农机故障诊断专家高桥弘行（2排左3）、短期专家（2排左4）、业务协调专家影山裕子（2排左6）、农机维修专家酒井保幸（2排右3）。

中日中心双方专家共同参加学校运动会

　　该项目的合作内容包括聘请专家、派出研修生、引进设备、人员培训、合作研究、研讨会等。项目除了培养了一批又一批的农机维修技术人才，还每年主办全国性的农机维修技术研讨会，交流新技术、探索发展新模式。引进的几十名专家和派出的几十名研修生，以及日本的先进维修装备，为提高我国农机维修水平贡献了力量。

几位日本专家

　　在众多的日本专家里面，有4位和中国特别有缘分，也给我留下深刻印象和美好回忆的。

　　（1）山下宪博（Norihiro Yamashita）

　　山下宪博先生属于传统的中日友好人士。山下的父亲对日本军国主义犯下的罪行深感负罪和忏悔，受这样家庭氛围的影响，山下先生从小就立志为中日友好做贡献。他大学学经济，外语选了中文，虽不是中文专业毕业，但一口标准的普通话，根本听不出来外国味儿。山下学习优异，大学毕业后考上公务员在日本农林水产省工作。中日中心项目启动后他被农林水产省选为第一批长期专家，是专家组的第二号实权人物，日语叫项目协调员，负责财务和中日沟通协调。由于中日两国国情的不同，从具体的农机维修技术到培训中心的课程设置和培训方式，中日双方专家组都会有不同的理解和看法。山下总是尽其最大努力，说服日方专家理解中方的想法，对于从中方角度看觉得有些"挑剔"的专家，山下虽不是专家组长也会主动提出批评，从而使得项目能顺利进行。山下不仅是专家组成员，还是日本农林水产省官员，在他的努力下，项目组还申请到一批额外经费，用于基础建设和教材建设。由于他是政府公务员，第一期两年合同期满后即回国（农机化专家则可以延长），回国后继续关心项目建设和发展，对于中心派出研修生他都会给予关心和照顾。图片是山下回国前在中心门前和大家合影，大家依依不舍。中日中心项目结束后他作为中日政府农业技术合作项目日方代表，又再次到中国工作，继续为我国的农业发展做贡献。1992年10月恰逢北京农业工程大学

40年校庆，山下代表日方专家组赠送了"耕耘"纪念碑，该石碑至今仍然矗立在中国农业大学东校区主楼后的广场。下图是2019年他回访学校时与我一起在石碑前合影。现在他已经完全退休，含饴弄孙享受退休生活。

送别山下宪博（左3）专家工作期满回国

本文作者与山下先生在中心纪念牌前合影

山下先生的退休生活

（2）高桥弘行（Hiroyuki Takahashi）

高桥弘行先生是农机故障诊断专业的第二批专家，1994年来华工作。高桥先生在日本的工作机构叫"生物系特定产业技术研究推进机构"，简称生研机构，其实该机构有一个通用名叫"日本农业机械化研究所"，通俗易懂。高桥先生所在的机构和中国农机化的缘分可以追溯到20世纪80年代。生研机构是日本综合性的农机化研究所，研究内容不仅涵盖农机基础、大田、园艺、畜牧，还有一个设施、设备齐全的"评价试验部"，负责日本全国的农业机械鉴定试验。80年代农业部农机鉴定总站王连生副站长曾到生研机构评价试验部进修，从此两国在农机鉴定领域建立了紧密的合作关系。我是中日中心项目第一个研修生，1992年10月至1993年5月在生研机构进修，进一步加深了我国农机界和日本农机界的关系。高桥先生2年的专家任期兢兢业业、辛勤工作，且对人极其和气，为中日合作创造了良好的氛围。因为项目的关系，高桥先生和刘宪处长也建立了深厚的友谊。刘宪担任农机鉴定总站副站长期间，2002年10月特别邀请已回日本多年的高桥先生到鉴定总站主办的"全国农机质量监督管理业务培训班"讲课，高桥先生慨然应允，我有幸为高桥先生做翻译。高桥先生由于出色的工作能力后来升任生研机构评价试验部部长，我曾先后陪同汪懋华院士和罗锡文院士访问生研机构，都受到了高桥先生的热情接待。高桥先生退休后又曾作为联合国驻北京的机构"联合国可持续农业机械化中心（ESCAP-CSAM）"的专家多次来华，每次再会都是一次美好的时光，高桥弘行先生不愧是中国人民的"老朋友"。

高桥弘行先生参加"全国农机质量监督管理业务培训班"（2002年10月）

（3）山本义辉（Yoshiteru Yamamoto）

前面两位专家一位是政府公务员，一位是国家研究所的研究员，下面介绍的专家山本义辉先生则是位民间人士，一位来自中国农机工作者最熟悉的日本农机企业久保田公司的高级技术主管。

山本义辉先生1930年出生于日本的高知县农村，从小立志改变传统的农业生产方式，小学毕业后考入了一所农业中学（一种以农业为特色的中学），1950年20岁进入家乡的高知农业试验场工作，工作中痛感畜力生产造成的生产力低下，于1955年离职加入久保田公司，从事农业机械的开发研究。从1973年起数十次到中国访问，特别是从久保田公司退休后，1994年9月至1998年3月作为农机修理技术长期专家，在中日中心工作达3年半。山本先生在长期的农机研发过程中，积累了丰富的经验，在中日中心期间，毫无保留地进行技术传授，对于中方专家和学员提出的问题，他都能给出非常专业的答复。有两件事情我记忆犹新。一次讲课，他介绍自己是久保田开发插秧机的核心成员之一，为研究成果大幅度降低插秧的劳动强度感到自豪。一位学员说到中国最早发明了插秧机，山本回复，确实中国很早就发明了插秧机，但是日本在发明插秧机的同时，也改变了育秧方式，育出适于机器作业的秧苗，而中国不改变育秧方式，让机器也使用人工插秧的秧苗，因此无法得到大面积的推广应用。他的回复使我第一次体会到了农机农艺结合的重要性。还有一次是关于抛秧机的事情，当时两位北京农业工程大学的教授发明了抛秧机，因为其高效率和易操作获得了上至农业部农机化司下至农民的一致好评，山本先生讲课时我们就现场"砸挂"，问为什么日本不开发抛秧机。他回答，其实他们开发过抛秧机也做出了样机，但是由于日本开发并迅速推广了半喂入水稻联合收割机，要求作物必须直线成行，抛秧机不能满足这个要求，就被淘汰了，他的回答再次让我们折服了他的丰富经验。

山本先生对中国非常友好，在华工作期间每年中心组织的农机维修技术交流会他都主动要求做报告。为了增强报告效果，他年过花甲仍刻苦学习中文，并坚持用汉语演讲。每次回到日本他都会做讲座，介绍中国的农业机械化和经济发展，在《日本农机学会》《农机新闻》等学报和报纸上发表多篇连载文章。中日中心项目结束后，他又作为JICA的短期专家到过黑龙江和湖南传授稻作机械化技术。为了准备这次的材料我给他打了国际长途，由于他已年过九旬，听力下降厉害，听不清我讲话，我只好给他写了邮政信件，收到我的信后他分两次寄来了丰富的资料，可是由于篇幅限制只能大部分割爱了。这里展示其中的两幅照片。

一幅是中日中心97年学员毕业合影，由于1996年北京农业工程大学与北京农业大学合并成立了中国农业大学，中日中心的全名也变为"中国农业大学中日

农机维修技术培训中心"。合影前排贵宾（左4至左12）：专家山本义辉、专家枝川孝男、农机化司企业指导处王桂显副处长、中国农业大学艾荫谦书记、李昶杰副司长、JICA中国事务所所长、中国农业大学毛达如校长、专家组长安食惠治、副校长兼中心主任李里特。王桂显副处长作为项目的业务领导之一，和刘宪处长一起为项目做出了巨大的贡献。

中日中心1997年学员毕业合影（前排左4是山本义辉先生）

另一幅是山本先生在中日中心实习车间的工作照。

祝福山本义辉先生健康长寿。

山本先生在中日中心实习车间办公室

（4）岸田义典（Yoshinori Kishida）

岸田义典先生是日本农机专门的新闻社新农林社的董事长兼总经理（代表取缔役社长），虽然与中日中心项目没有直接关系，但作为世界农业机械化领域的风云人物，与中国农业机械化事业有着不解之缘，也间接为中日中心项目的成功做出了很大贡献。

岸田义典先生出生于1942年，他的父亲岸田义邦早年从事农村发展事业，于1933年创设新农林社，促进农业的信息流通。有感于信息不畅对农业机械化事业的影响，又于1947年创设周报《农机新闻》，已发行近80年，成为具有国际影响力的一份报纸。岸田义典的父亲曾在20世纪60年代访问中国，在造访了中国农机院之后，对王万钧先生留下了极其美好的印象，回日本后称赞王先生是真正的"君子"。岸田义典先生受其父亲的影响极其热爱农业机械化事业，很早就从父亲手中接过了新农林社以及农机新闻社，但他比父亲更热心于国际合作与交流。由岸田先生出资分别在美国农业与生物工程师学会（ASABE）和国际农业与生物系统工程学会（CIGR）创立了奖金，表彰为国际农机交流做出突出贡献的人物。

受他父亲的影响，岸田先生对中国也极其友好，他不仅对王万钧先生非常尊敬，也与我国的农机界专家建立了深厚的友谊。包括前中国农机院院长华国柱先生，前中国农机院院长、前机械部工程农机司司长、中国农机工业协会前会长高元恩先生，汪懋华院士，罗锡文院士，中国农机院前院长、中国农机工业协会会长陈志先生等。他多次访华，更多次热情接待中方的访问团。

中日中心成立后，作为日本农业机械化领域的重量级人物，他关心和支持中心的发展。每次来华他都到中心来看看，慰问日方专家，与中方专家交流，几乎所有的中方研修生都要正式安排在新农林社学习访问，岸田先生亲自授课。为了提升项目成果，JICA也邀请刘宪处长和王桂显副处长到日本做较长时间的考察和交流，岸田先生更是做了周密的安排和热情的接待。因此，1995年岸田先生再次造访中日中心时，刘宪处长专程到中心来见面，工作交流之后还专门到主楼前，在中日共同栽植的樱花树前合影留念。

2018年正值我国改革开放40周年，中国农业机械化协会和先农智库在全国范围内开展征文活动。受协会委托让我联系岸田先生能否从中日交流角度写一篇稿子，我发邮件给岸田先生后他一口答应，很快就寄来了稿件，题目是《农业机械化合作交流49年，惊人的发展令人感慨无限》。文中谈了中国发展的成就，谈了中国发展的成就给日本带来的机会，也谈了对中国农机化的期望，诤友直言、

岸田义典先生访问中日中心（1995年）

情真意切。由我翻译成中文之后投给了征文办公室，所有入选征文由中国农业出版社出版，书名为《40年，我们这样走过》。岸田先生这篇发自内心的文章被征文专家组评为特别奖。

岸田义典先生投稿（2018年）

岸田先生已经80多岁了，但他仍然活跃在国际农业机械化事业以及中日农机友好事业的第一线。祝福岸田义典先生健康长寿。

后　记

我大学毕业后即从事农机维修事业，接触了许多专家、师长，他们传我知识、教我做人。由于从事农机维修事业，我又获得了出国攻读博士的机会。学成归国后，虽然开始一个崭新的教学研究领域，但仍然属于农业机械化。农机维修的经历也使我现在的工作受益匪浅，特别我从那个年代所接触的领导、师长、同事以及国内外的友人身上，学到了知识、学会了做人，他们给了我无限的精神财富，成为我人生的楷模。从此之后，工作和生活中的任何不如意和艰难险阻都不曾使我灰心，更别说打垮我。我有义务记录下那些人和那些事，让更多的人像他们那样对待工作、对待人生。由于受篇幅所限，难免挂一漏万，但是我的心中永远记着你们。

致谢。致谢为本文提供素材的原北京农业工程大学农业机械化系党总支书记、修理教研室教师、离休干部（新中国成立前夕为少年交通员，新中国成立后保送北农机）陈文先生，东北农业大学陈海涛教授，昆明理工大学张兆国教授，河南农业大学胡建东教授，华南农业大学辜松教授，中国农业大学张漫教授，JICA前专家山下宪博先生、高桥弘行先生、山本义辉先生。

人物卷 Ⅱ

〇九
张焕民

张焕民，男，1950年4月生，中共党员，河北省石家庄市深泽县人。毕业于河北机电学院（现河北科技大学）电机电器专业。现任河北农哈哈机械集团有限公司董事长。

2006年，获中国农业机械流通协会"杰出贡献者"称号；

2006年，获中国机械联合会、中国物流与采购联合会、中国农业机械流通协会、中国农机化导报"全国农机流通体系建设十大功勋人物"称号；

2007年，"粮棉节本增效集成技术配套机具的研究与推广"项目获河北省科学技术进步奖三等奖；

2009年，"北方一年两熟区小麦免耕播种关键技术与装备"项目获国家科学技术进步奖二等奖；

2009年，被中国农业机械流通协会授予"全国农机行业优质服务优秀经理"荣誉；

2011年，被河北省人民政府授予"河北省外出务工致富能手"荣誉称号；

2012年，2BMSQFY-4玉米免耕深松全层施肥精量播种机获河北省科学技术进步奖二等奖。

2013年，被评为"河北省科技型中小企业创新技术人才"，第四届"精耕杯"中国农业机械行业十大年度人物；

2014年，获"河北省政府质量奖"；

2014年，获评第五届"精耕杯"农业机械行业十大年度用心人物；

2015年，获评第六届"精耕杯"农业机械行业十大风云人物；

2018年，被省政府授予"河北省巨人计划"第三批创新创业团队领军人才称号；

2018年，荣获改革开放四十年中国农机工业"杰出贡献奖"。

不负光阴　不忘初心　张焕民

伟大领袖毛主席说过：农业的根本出路在于机械化。改革开放四十年，国家发生了沧桑巨变，也给我们的生活带来巨变，更是改变了一代人的命运，成就了一代人的梦想。河北农哈哈机械集团有限公司（简称农哈哈）董事长张焕民就是改革开放造就的强者。张焕民曾说："农机机械成就了我的人生，改革开放给我带来毕生的荣耀！"

创业经历

张焕民的父亲是沈阳拖拉机厂的工人，他4岁时随父亲到沈阳定居，童年就是在拖拉机的轰鸣声中度过的。看着一台台崭新的拖拉机驶下生产线，农机的种子在他的心田扎了根。1961年，焕民的父亲向组织提出申请，举家迁回老家河北深泽。

张焕民在学校里读书很用功，成绩总是名列前茅。放学后，几乎所有课余时间都在帮父母干农活，点种、锄苗、割麦，他都是一把好手。亲身经历的繁重体力劳动，促使张焕民萌发了用机械代替人力，把乡亲们从面朝黄土背朝天的艰苦劳作中解放出来的美好愿望。

1968年7月，张焕民响应毛主席知识青年上山下乡的号召，由县中学毕业回乡，成了村里的回乡青年。两个月后，公社筹建拖拉机站，他顺利通过考试，成了一名拖拉机手。由此，张焕民的命运便和农机紧密地联系在一起，由机手逐渐成长为机务站长、乡管机员。

丰富的实践经验使张焕民有了更高的追求。为了提高自身的理论水平，张焕民还以近四十岁的年龄去河北机电学院（现河北科技大学）深造了两年，回到深泽后迅速和拖拉机站的老师傅马振虎一起创办了农哈哈的前身"深泽县农机实验厂"。

建厂之初，农哈哈是个典型的三无企业：没有生产场地，占用了县农机监理站两间废弃的库房，既是车间也是办公室；没有启动资金，大家东拼西借，凑了3.6万元；没有现成产品可供生产，摊子有了，可到底生产什么还是个未知数。在这种情况下，张焕民和马振虎慧眼独具，选择了农民迫切需求、国家大力推广的免耕播种机。其实，当时市场上已经有两行播种机在销售，农哈哈正是在此类产品的基础上进行了一系列改进，使之在结构上、功能上有了一定的进步。经过三年的努力，逐步确立了农哈哈播种机在市场上的地位和有利形势。这一阶段虽然家底很薄、生产工具落后，但是因为有了一个适销对路的产品，从而使企业得以蓬勃发展。

企业有了一定的原始积累后，农哈哈及时进行了市场细分和深度开发，逐渐由单一品种玉米播种机发展成十几个系列，增加了小麦播种机，还有小麦玉米两用的机械，增加了带施肥功能的，有为张家口、承德地区量身定制的，等等。正是由于这种针对性开发的多品种、多规格产品，创造性地满足了不同地区、不同消费者的需求，使农哈哈一举成为当时我国播种机行业规格最全、品种最多、产销量最大的企业。很多企业看到生产播种机有利可图，纷纷上马仿造。根据不完全统计，当时石家庄周边地区这样的企业不下百家，可谓"烽烟四起"。

现场演示活动介绍农机具

创业初期研制的播种机只是解决了"机器换人"的问题，而农民的需求不止于此，他们还要求机具外观要漂亮、株距要准确、要节省种子、不能缺苗、最好不用剔苗。变化中孕育着机会，谁能抓住，谁就能获得发展的先机。为适应市场需求，农哈哈始终坚持自主创新，引进了创新人才，开发了仓转式精位穴播机和气吸式精量播种机。仓转式一穴二粒，可以确保全苗，株距精确，适合当前我国种子发芽率不高的现状；气吸式一穴一粒，如果种子发芽率高用

它最合适，连间苗的工序都省了。如今，农哈哈已在精密播种领域占得先机。

成功经验

思维缜密是张焕民的特点，这可能与他上学的时候一直喜欢数学有关。在企业专一化与多元化的问题上，农哈哈的做法也颇具新意。

创业之初，农哈哈一穷二白，一个播种机就干了十几年；对市场上热门的行业视而不见，甘于寂寞，十几年下来，似乎不经意间，已经成长为播种机这个池塘里面的大鱼。

多元化是企业的发展战略之一，"买鸡"是对的，"下蛋"也是对的，但对于利润微薄的农机具企业来说，两条道路的选择关乎企业成败，是一条泾渭分明的阴阳界。农哈哈处于成长期，不仅企业没有"买鸡"的实力，而且业内也没有现成的"休克鱼"可吃，只能靠自己"下蛋"，然后"孵鸡"，然后再"下蛋"，虽然这种方式扩张速度慢，但成功率很高。

其实，关键是农哈哈找到的这个市场足够小，小到福田雷沃、东方红这一类的强手根本就没兴趣跟你争抢，农哈哈才可以在播种机这片土地上占山为王，做了一条小池塘里的大鱼。

资金多了，渠道宽了，农哈哈利用播种机所下的蛋去孵化玉米联合收获机，继而孵化出青饲料收获机、绞盘式喷灌机、粮食烘干塔等相关产品。多年来，农哈哈从没有涉足陌生的领域，而是始终在自己熟悉的农机具范围内摸爬滚打，围绕主业深入、稳固地架构企业的多元化框架。

"我现在是用50%的时间作产品开发，30%的时间做管理，20%的时间盯住市场"，张焕民如是说。而对于自己业余时间的支配，张焕民却说："除了休息时间，我有60%是在加班，40%就是看书了。"

张焕民读书，主要看一些经济、管理方面的著作，而且他特别善于分享知识。"看到一些好书，我就多买一些，分给大家看，我不喜欢命令别人，我希望我的团队都自己明白应当怎么去做，为什么要这样做，通过看书学习来统一思想认识。"这其中也映射出了他的管理风格。

张焕民认为，农哈哈走到今天，利润越来越薄，甚至很多时候都在盈亏持平之间，但是农哈哈的社会效益比其经济效益要大得多，也重要得多："比如我们这两年大力推广的气吸式精量播种机，每亩地仅需1～1.5千克种子，比传统条播节省一半，如果这项技术能够在全国普及，以我国4亿亩[*]玉米种植面积计算，每年可节约粮食5亿千克，相当于100万亩耕地的总产量。"

"农哈哈的大部分产品都是保护性耕作的关键农机具，研发投入很多，而消费者都是还不富裕的农民，价格要低，质量要好，所以利润微薄在所难免。对于一个农机具生产企业来讲，要想在金钱上找到成就感非常困难，但能够做好一个利国利民的产品，使心血不至于白费，能够为当地农民提供一种急需适用的产品，就是一个农机人最大的幸事了。"这是张焕民的心声。

张焕民之所以有这么坚定的信念和睿智的眼光，与他麾下有一支强有力的人才队伍是分不开。谈到张焕民与时俱进的人才策略，首先想到的是他办企业的理念：即创新发展。有人说中国创新是后发优势、跨越优势、引领优势、集成优势、协同优势的叠加。其实这也是张焕民对创新发展的深刻领悟。而他的人才观，也正是在这个理念的驱使下得以逐步形成的。

细数他的人才策略，也许与众不同。可以这样说，他既重视高端技术人才的引进和任用，也注重新生力量的培养，更不忘土生土长的能工巧匠的潜在能力，使他们在企业的发展中发扬光大。要说具体做法，其实并不神秘，无非也就是以待遇留人、以情感留人、以事业留人。

先说待遇留人，20世纪90年代，由于受规模限制、政策变化、体制禁锢，基层国有企业举步维艰，于是不得不毁营拔寨、纷纷破产重组。但这些企业里那些年富力强、理论水平较高、有相当实践经验的技术人才、管理人才，却是坐地彷徨，不知所从。而当此时，农哈哈正处于全面上升阶段，各种人才尤其匮乏。有战略眼光的张焕民，于是抓住这难得的机会，不惜大幅度提高员工尤其是技术人员的待遇，广纳人才。当时农哈哈员工工资大大超出了行政事业单位人员工资，高水平技术人员、管理人员也大幅度超出了县领导的工资收入。

对于新毕业的大学生，张焕民也是不肯怠慢。这些学生没有实践经验，而公司根据成果提取奖励的办法并不适应新来的大学生，怎么办？张焕民力排众议，让新来的大学生按照学历确定工资标准，而且要高于公司平均水平，如果有了成果再按照成果奖励办法额外奖励。张焕民那时就说：孩子们读了十几年的书，总在向家庭索取，现在到了农哈哈，我们就有义务让他们挣钱回报家长，没有贡献也首先要让他们能够体面地生活！

对于没有学历的能工巧匠，张焕民则是以成果论英雄。山西能人张永生就是

---

* 亩为非法定计量单位，1亩等于1/15公顷。

这个政策的受益者。他带着自己的专利来到公司，张焕民就按照每销售一个专利核心部件产品，给其提取一元奖金，最高峰时张永生一年就提取了几十万元奖金。这也在很大程度上激发了张永生根据市场需求，不断持续创新自己产品的激情。如今，张永生已经成长为农机行业的知名工程师。和他类似的还有很多人，比如张三茂、刘德欣、孟培兴等一大批草根工程师。

张焕民的情感投入，可以说涉及农哈哈员工的方方面面。每年适逢重大节日，张焕民都带着礼品到骨干技术人员家中慰问；对于家中有实际困难的员工，他都想方设法为其排忧解难，以使他们安心工作；张焕民还亲自到困难员工家里帮助收庄稼，让自己的家属到医院照顾员工的生病家属，并垫付治疗费用。如此种种，都深深感动着每位员工，他们无不摩拳擦掌拼命工作，拿出100%的能力回报农哈哈！为吸引高素质大学毕业生到公司工作，张焕民一方面积极联系大专院校、科研院所，一方面强化公司的生活保障设施等软硬件建设。

针对年轻人活泼好动的特点，公司依次建立了台球室、乒乓球室、篮球场、网吧等，并倡导成立社团组织，定期组织外出参观旅游、联欢晚会、团建活动等，使青年学生有了家的感觉。而每次活动张焕民都积极参与，真正成了他们的知心人，也使张焕民发现了各种所需人才。

单单有愉悦的业余生活还不够，成家立业则是大多数人的归宿。解决了婚姻问题，住房问题随之而来，张焕民深谙此理，最终下决心投入600余万元在县城购买了20余套住宅楼，让祖籍是外地的大学生采取分期付款方式入住。这样，既解决了学生的住房问题，还牢牢地留住了高水平的科技人才，使他们安心工作无后顾之忧。迄今为止，已经有来自河北邯郸、邢台、保定，以及山西、辽宁、吉林、黑龙江、山东等地的五六十名科技人才牢牢扎根农哈哈，殚精竭虑为农哈哈贡献自己的一切！

人才留下了，如何在农哈哈实现他们对事业的追求，又成了张焕民不得不认真思考的问题。基于此，他创造性地在公司内部实施了子公司制度，调整了用人关系，从而使高水平管理层和技术人才将工作当成事业来干，由原来的打工者转变成为拥有股权的主人翁，也为公司的基业长青留住了人才，在很大程度上满足了人们自主创业的欲望，也为员工能够为自己的事业奋力拼搏铺就了坦途。总之一句话，这样做让员工变成了股东，真正达到了企业与员工的共赢。

三国时期，孙权曾云：能用众力，则无敌于天下矣；能用众智，则无畏于圣人矣。张焕民与时俱进的人才策略，正是用实际行动践行了这样的论断。

行业贡献

20世纪90年代初，黄淮海平原一年两熟地区玉米种植一直是人工点播，费工、费时、费力。玉米播种机在全国尚属空白，急待研制和推广。物竞天择，适者生存。张焕民带领广大干部职工和科研人员焚膏继晷、刻苦钻研，首开了我国玉米机械化播种的先河，实现了中国北方玉米播种由人工点播向免耕机械化播种的转变，引发了传统种植模式的革命。

提到农哈哈，人们首先想到的当然是播种机，20多年来乡间巷间无不把农哈哈当成播种机的代名词。究其缘由，农哈哈播种机一代一代的创新发展，每每都走在业界的前沿。农哈哈播种机就东据齐鲁、西统三秦，遍布黄河上下、长城内外，播种着幸福，播种着希望。正像世人所说的：农哈哈像春风、像夏雨，她无时无刻不在滋润着她深爱着的黄土地，而农哈哈董事长张焕民，就是这春风夏雨、创新发展播种机的领军人。

从改进生产工具到让柴油机"长腿"，从全国第一台悬挂式玉米条播机问世到仓转式、气吸式等多种型号改进成功，再到领先国际水平的深松全层施肥精量播种机，开创了玉米增产新时代，使农哈哈看家产品——玉米播种机又发展到了一个新的历史阶段。

农哈哈产品的每一步创新，都站在了行业变革和进步的前沿，其免耕播种是实施保护性耕作的关键技术，在蓄水保墒、培肥地力等方面成效显著，解决了我国北方干旱缺水、生态恶化、农民种地效益低下等问题，在农机化进程中具有里程碑意义。

在发展过程中，农哈哈主导产品及商标先后获得河北省优质产品、河北著名商标、国家免检产品和中国驰名商标等荣誉，迄今连续十几年全国产销量领先。张焕民被评为中国农机流通协会"杰出贡献者"和"全国农机创业优质服务优秀经理"，并被聘为中国农业机械学会理事会理事。在2000年国家科技人员表彰大会上，农哈哈的小麦免耕施肥播种机荣获国家科技进步奖二等奖。

张焕民把市场和产品开发作为企业发展的永恒主题，不断推陈出新，始终保持产品的先进性和适用性，做到了款款经典、步步领先，被农民誉为"播种机中的全能冠军"。近三十年来，农哈哈年均销售播种机5万余台，市场保有量百万余台，占领了国内60%的市场份额，主导产品系列播种机获"河北名牌"称号，

"农哈哈"商标被认定为"中国驰名商标"。农哈哈的成功吸引了大量播种机企业如雨后春笋般涌起，共向市场输送300余万台播种机，推动我国玉米播种机行业跨步前进，使全国玉米机械化播种率接近100%。与此同时，张焕民眼光向外，积极开拓国外市场，以玉米机械化播种扬名的"农哈哈"品牌正在成为影响世界农业的中国农机品牌。

张焕民坚持科技创新，走创新效益型道路。他荣获中国农业机械化发展60周年杰出人物，并带领公司先后承担国家、省、市级科技项目20余项；"北方一年两熟区小麦免耕播种关键技术与装备"2009年获得国家科技进步奖二等奖，"河北平原小麦-玉米水肥热高效利用协同增产关键技术"2017年获河北省科技进步奖一等奖。鉴于农哈哈集团在品牌建设、产品创新和市场开拓方面的重大贡献，2014年河北省人民政府授予张焕民董事长河北省政府质量奖；2018年农哈哈集团产品研发团队被河北省委、河北省人民政府授予"河北省巨人计

第四届"精耕杯"品牌评选活动颁奖典礼

划创新创业团队"称号，2018年获得河北省科技进步一等奖；2019年，"北方玉米少免耕高速精量播种关键技术与装备"获得国家科技进步奖二等奖，以及河北省科学技术进步奖、技术发明奖等多项奖励。公司还荣获了高新技术企业、河北省企业技术中心、河北省农机具工程技术研究中心、农业部农产品加工企业技术创新机构、全国农机行业优质服务先进单位、中国农机流通领域杰出贡献单位等称号。

展望未来

党的十八大以来，乡村振兴的战鼓已经敲响，农村土地流转步伐加快，

"三农"事业对大型农机具的需求已迫在眉睫。我们必须认清形势、把准方向，在新一轮产品竞争中不掉队。农哈哈牌系列产品在耕、种、管、收方面不断创新，这需要时刻关注农作物品种、种植规模和农艺发展的变化，以改进和生产适应"三农"需要的产品。因此，公司始终把产品创新、适应农艺需求摆在生存和发展的第一位。但产品创新是一项投资很大、风险很高的事情。农机人常说："农机人不搞产品开发就是等死，搞产品开发就是找死。"我们很庆幸，农哈哈来了一批有知识有抱负的年轻人，他们虽然上了大学，但大部分在农村长大，对父辈从事农活的艰苦深有体会，与长辈有着共同的愿望：要把农民从面朝黄土背朝天的艰苦劳作中解放出来。他们扎根企业，砥砺创新，立志将农哈哈建设成为"为中国北方农业提供一流装备的制造工厂"，这一愿景将作为他们终生的奋斗目标。

三十年砥砺奋进，农哈哈为社会提供各类农机具超过了200多万台（套），"农哈哈"已经成为中国用户喜爱的农机品牌。这是一代代农哈哈人多年汗水努力的结果，是以张焕民董事长为核心的一代代领导班子坚守初心、忠于事业、忠于企业、夙夜在公、艰苦奋斗的结果。

在下一个三十年里，农哈哈播种机从品牌知名度到市场销量，将继续保持全国行业领先地位；通过五到十年的努力，将农哈哈牌喷灌机和农哈哈"牧泽"牌青饲料收获机从品牌知名度到市场销量都力争做到全国行业榜首；通过十到十五年的努力，使农哈哈"哈格瑞"牌旋耕机从品牌知名度到市场销量力争走在全国行业的前列。同时农哈哈继续加大各类产品的出口规模和出口档次。通过下一个三十年的拼搏奋进，力争在农哈哈发展六十周年的时候，跻身世界知名农机品牌行列。

三十年的不懈奋斗，农哈哈取得了一定成绩，但是面对成绩，农哈哈从来没有优越感和自豪感，只有紧迫感和危机感。他们清楚：昨天就是昨天，明天可能是另一个王者诞生的日子，没有人可以闲下来，闲下来就意味着被超越。

党的十九届五中全会已经明确了"优先发展农业农村，加快农业农村现代化"，而农业农村现代化的重要基础是农业生产的机械化和智能化。农哈哈一定会在这一大好形势下，抓住机遇，勇于挑战，通过在公司内部扎扎实实部署和落实集团公司的企业愿景和奋斗目标，力争在下一个30年里，继续在耕、种、管、收农机具方面，从品牌知名度到市场销量一直走在全国前列，做百年农机企业，创世界知名品牌。

在未来发展中，农哈哈一定会面临更加残酷的市场竞争，为此他们已经做好了充分的准备。全体农哈哈人将脚踏实地、协力同心、抢抓机遇，以高质量发展为目标，以智能化和数字化赋能为手段，以产品创新和工艺创新为措施，持续锻造"农哈哈"品牌，持续为中国北方农业提供一流装备、为中国粮食安全保驾护航！

新时代、新征程，农哈哈人坚守信念，初心不改。让我们凝聚共识、汇集力量，以满腔热忱开创未来，创造农哈哈更加灿烂辉煌的明天！

人物卷 Ⅱ

一〇 宗锦耀

宗锦耀，男，汉族，1960年6月生，浙江东阳人，中共党员，1982年8月参加工作，2023年7月在北京病逝，享年63岁。

宗锦耀出生于一个普通农民家庭。他从小就刻苦学习、积极上进，处处严格要求自己，品学兼优，多次被评为"三好学生"。1978年9月，宗锦耀考入浙江农业大学农业经济系农业经济专业学习。由于表现优异，他于1981年12月光荣加入中国共产党。

1982年8月，宗锦耀大学毕业，被分配到农牧渔业部乡镇企业局管理处，正式参加工作。从此，他在国家最高农业行政主管部门工作长达38年，直至退休。宗锦耀先后在乡镇企业局、草原监理中心、畜牧兽医局、农机化司、农产品加工局、法规司6个司局担任领导职务达27年，其中任一把手17年。任职期间，他兢兢业业，任劳任怨，先后推动了20多部相关行业国家法律、行政法规和国务院重要文件的制定和出台，为推动相关行业发展、促进农民富裕和乡村振兴做出了重要贡献。

2006年10月至2013年12月，宗锦耀任农业部农业机械化管理司司长。其间，他积极运用科学发展观指导工作，组织起草了《关于我国农业机械化发展情况的报告》呈送国务院领导，推动印发了《国务院关于促进农业机械化和农机工业又好又快发展的意见》，编制了《农业机械安全监督管理条例》等制度性文件，编辑出版了《中国农业机械化重大问题研究》，组织撰写了多篇关于农机化发展的文章在《求是》《人民日报》等报刊上发表,推动了农机购置补贴发放、农机跨区作业、农机合作社发展、"平安农机"建设等工作的落实。因业绩突出,他连续六年被评为年度优秀,获得农业部嘉奖。2008年和2011年两次荣立三等功,2012年被农业部直属机关党委评为优秀党务工作者。

宗锦耀对党忠诚,严于律己,谦和诚恳,胸怀坦荡,待人宽厚,求真务实,团结同志,始终保持艰苦朴素的优良传统和作风。

胸怀如草原　赤子最真情　宗锦耀

　　《孟子·离娄章句下》有云："大人者，不失其赤子之心者也。"意思是有德行的君子，有作为的人物，不偏离他纯洁善良的初心，不失其婴儿般纯真的天性。这句话用到宗锦耀身上，可谓恰如其分。作为生在浙江的农家子弟，他22岁就进入国家最高农业行政主管部门工作长达38年，其中担任司局级领导职务27年，为推动我国农业和农村现代化发展做出了重要贡献。他拥有草原一样宽广的胸怀，善于从大局着眼，谋划和推动工作，对待同事一贯谦逊随和，真诚热情，虽久历世事，却始终保持着纯朴率真的赤子情怀。

东阳才俊，一生为农终不悔

　　1960年6月30日，浙江省东阳市吴宁镇十里头村的一户普通农家传来一个男婴洪亮的啼哭声，这个男孩就是宗锦耀。

　　东阳是浙江省中部的一个小城，建县已有1 800多年的历史。这里山清水秀，

人杰地灵，自古以来就有"兴学重教、勤耕苦读"的传统。南宋理学家朱熹、大诗人陆游等曾到东阳"石洞书院"讲学传道，北伐名将金佛庄、抗日名将朱福星、新闻先驱邵飘萍、科学泰斗严济慈、植物学家蔡希陶等一大批仁人志士都出生在这片古老神奇的土地上。新中国成立后，东阳崇文重教的优良传统进一步发扬光大，并以"百名博士汇一市，千名教授同故乡"而享誉海内外。据不完全统计，截至2019年11月，东阳已走出12名院士，100多位大学校长和科研院所领导，1 300余名博士、博士后，1万余名教授、副教授。此外，源远流长的东阳木雕举世闻名，据传清代进京参与修建故宫的东阳木雕匠人一度达400多人。不少东阳木雕高手的传世之作，成为被故宫博物院、中国国家博物馆、中国工艺美术馆、中国台湾南园及知名人士收藏的"国之瑰宝"。亚洲最大的影视拍摄基地，被誉为"东方好莱坞"的横店影视城也在东阳。

宗锦耀在家中四个孩子中排行第二，上面有一个哥哥，下面还有一个弟弟和一个妹妹。宗锦耀出生时，正值我国20世纪五六十年代的"三年自然灾害"期间，农村生活十分艰苦。作为家中次子，宗锦耀从小就知道体恤父母的辛劳，经常力所能及地帮助家里干农活和家务活。他机灵懂事，沉稳平和，刻苦学习，积极上进，处处严格要求自己，做到了品学兼优，多次被评为"三好学生"。学习之余，他还经常下田劳动，浙江农村几乎所有的农活他都干过。

农机生产企业调研

1978年9月，宗锦耀考入浙江农业大学农业经济系农业经济专业学习。宗锦耀参加的这次"高考"作为"文革"后恢复"高考"的第二次全国集中选拔，当年全国报名人数达610万人，却只有40.2万人如愿走进了大学校园，录取率不足7%。宗锦耀就是这批幸运儿中的佼佼者。由于放宽了考生的年龄限制，当时考上大学的，既有十几岁的娃娃，也有三十多岁已娶妻生子的"叔叔"，刚满18周岁的宗锦耀是班里同学中年龄比较小的，但他学习刻苦认真，思想积极上进，且身材高大，相貌清秀，在同学中享有很高威信。由于各方面表现优异，他于1981年被评为"三好学生"，并于同年12月光荣加入中国共产党。

1982年8月，宗锦耀大学毕业，被分配到农牧渔业部乡镇企业局管理处，正式参加工作。1987年4月至1988年4月，宗锦耀到贵州省铜仁市沿河土家族自治县挂职，任县委副书记、扶贫工作组副组长。其间，他认真贯彻执行党的路线方针政策，深入农村联系群众，协助县委、县政府修订社会经济发展战略，制定脱贫计划，推动了当地种植业、畜牧业、乡镇企业、林业的全面发展，受到当地干部群众的广泛好评。由于作风扎实、成绩突出，他被农牧渔业部人事司评为"1987年度优秀蹲点干部"。

1988年5月至1993年11月，宗锦耀先后任农业部乡镇企业司政策法规处副处长、处长。其间，他参与了中国乡镇企业国际研讨会等活动，主编了《中国乡镇企业理论研究文集》，参与编写了《中华人民共和国乡村集体所有制企业条例学习指导》等十几部著作，先后在《人民日报》《经济日报》《农民日报》等报刊上发表评论近20篇、文章百余篇。同时，他还兼任中国青年乡镇企业家协会副会长、中国乡镇企业协会秘书长、中国农村经济研究会常务理事、中国农村合作经济研究会常务理事等职。由于工作努力、成绩斐然，他两次被农民日报社评为优秀通讯员，并于1992年12月晋升经济师。

1993年11月至2003年4月，宗锦耀先后任农业部乡镇企业司副司长、乡镇企业局副局长。其间，他还兼任《中国乡镇企业》等杂志的主编和中国乡镇企业研究院主任委员等职务，参与了《中华人民共和国乡镇企业法》的起草与实施，研究出台了《关于乡镇企业产权制度改革的意见》等重要文件，组织制定了《乡镇企业家管理办法》等一批行政规章，筹办了全国乡镇企业表彰会等多场重要活动，撰写了许多质量较高的调研报告，参与起草了多份中央领导讲话，得到各级领导的一致好评。由于他善做事、能办事，被评为1997年度农业部司局级优秀公务员，并三次在年度考核中评为优秀。

农村基层调研

　　2003年4月至2006年10月，宗锦耀任农业部草原监理中心主任兼畜牧兽医局副局长（2004年6月起兼任畜牧业司副司长）。其间，他认真学习并熟练掌握了草原、畜牧、兽医、饲料等方面的专业知识，参与起草了国务院关于畜牧、草业发展的决定和奶业发展的意见等重要文件，形成了关于草业发展的总体战略和草业生态、经济科教的9个专题研究报告，完成了《草原法释义》等法规的修改实施，推动了退牧还草工程和已垦草原退耕还草工程的政策协调，参加了动物保护规划的修改，起草了多个动物疫病公布制度方案，其中防治高致命性禽流感的重要文件近40份，连续4年考核均为优秀。

　　2006年10月至2013年12月，宗锦耀任农业部农业机械化管理司司长。其间，他积极运用科学发展观指导工作，推动了农机购置补贴政策实施和农机跨区作业、农机合作社发展、"平安农机"建设等工作的落实。因业绩突出，他连续六年被评为年度优秀，获得农业部嘉奖，2008年和2011年两次荣立三等功，2012年被农业部直属机关党委评为优秀党务工作者。

　　2013年12月至2018年8月，宗锦耀任农业部农产品加工局（乡镇企业局）局长。其间，他认真学习贯彻党的十八大、十九大精神，推动制定和出台《国务院办公厅关于进一步促进农产品加工业发展的意见》等多个指导性文件，组织了全国农产品加工业工作会议等重要活动，大力开展休闲农业和乡村旅游提升工程，实施农村创业创新工程，推进农村一二三产业融合，为农业发展、农民增收做出了贡献。因此，他连续五年被评为年度优秀，获得农业部嘉奖，2016年荣立三等功。

或许得益于大学期间农业经济专业的扎实学习，宗锦耀擅长工作经验的总结和理论的升华概括，能提炼出通俗上口的语句并表达出来，做到了"易懂、易记、易传播"。在担任农产品加工局局长期间，他为推动休闲农业和乡村旅游业发展，坚持不懈地鼓与呼。他总结提炼的"五个五"工作思路，至今仍在指导各地休闲农业和乡村旅游事业发展中发挥着巨大作用。宗锦耀认为：推动休闲农业和乡村旅游高质量发展，在指导原则上，要牢牢把握"五个坚持"，即坚持以人民为中心的发展思想，坚持以农业为基础的发展定位，坚持以绿色为导向的发展方式，坚持以创新为动力的发展路径，坚持以文化为灵魂的发展特色；在目标要求上，要推动"五养"，即养眼、养胃、养肺、养心、养脑；在方法路径上，要推动"五变"，即推动农区变景区、田园变公园、民房变客房、劳动变运动、产品变商品；在基础支撑上，要坚持"五以"，即以农耕文化为魂，以美丽田园为韵，以生态农业为基，以创新创意为径，以古朴村落为形；在发展趋向上，要实现"五化"，即业态功能多样化、产业发展集聚化、经营主体多元化、基础服务设施现代化、经营服务规范化。

2018年8月至2020年8月，宗锦耀任农业农村部法规司司长。其间，他坚持以习近平新时代中国特色社会主义思想为指引，推动完成了《中华人民共和国乡村振兴促进法》的起草和实施，参与修订了《中华人民共和国土地管理法》《中华人民共和国农产品质量安全法》等多部法律法规，开展了"乡村振兴与普法守法"宣传教育，举办了"宪法进农村"主题日活动，得到了农民群众的欢迎，于2019年荣立三等功。

2020年8月，宗锦耀退休。退休后，他兼任中国农业农村法治研究会常务副会长，继续为农村法治研究、基层普法贡献力量。他坚持政治理论学习，积极投身基层党建工作，最大程度地发挥自身正能量，多次参加农业农村部离退休干部局组织的征文、座谈、宣讲等活动，曾荣获"庆祝中国共产党成立一百周年"征文一等奖，深受离退休干部的好评。

宗锦耀在几十年的工作中勤勤恳恳、任劳任怨，努力解决工作中遇到的困难和问题，在不同部门和岗位均努力做好党组织安排的各项工作。他对党忠诚，坚决拥护党的路线方针政策，始终在思想上政治上行动上与党中央保持高度一致，对党的事业无比热爱。他严于律己，作风扎实，谦虚谨慎，求真务实，团结同志，宽厚待人，始终保持艰苦朴素的优良传统和作风。

2012年设施农业装备演示现场调研

鞠躬尽瘁，推动农机大发展

2006年10月，宗锦耀被组织上任命为农业机械化管理司司长。有农机新闻界的朋友，直到现在还清晰地记得宗锦耀就任农机化司长不久与媒体朋友的一番诚恳谈话。当年这位新司长给大家的感觉是"谦逊认真，态度和蔼，知识渊博"。他曾说："我是一名农机化事业的新兵。在畜牧业司时，我的工作就曾得到了新闻界的支持。今天，希望农机界的新闻朋友给我同样的待遇。"他还说，农机化是光明的事业。保护性耕作、秸秆综合利用、节水农业等农业科技的应用都要靠机械化来实施。农机化关系到农业的可持续发展。"我是农机化事业的一名新兵"，仅此饱含真情的简单的一句话，就拉近了他和全国数百万农机人的距离，足以让所有农机化事业的新老参与者感动。更让大家感动的是，一直到2013年

12月调任农产品加工局局长，这位"新兵"在农机行业辛勤耕耘了7年多，成了劳苦功高的农机化"老将"。

宗锦耀视野开阔，思路清晰，顾全大局，胸怀宽广，善于从宏观视角和全局高度谋划和推动工作，更善于统筹和团结各方力量，共同推动事业发展。他在农机化司工作的7年，是行业公认的我国改革开放以来农机化发展最迅猛、成就最显著的7年。

不同于种植业司、畜牧业司等传统农业领域的专业司局，农机化司在农业部的"显示度"和"曝光度"通常并不高，干部人数也比较少，算是个小司局。但宗锦耀却敏锐意识到了农机行业的重要性，认识到农机化行业应该也必须大发展，并为此坚持不懈地呼吁，积极争取国家有关部门支持。他多次说，农机行业联结工农，沟通城乡，是"农业里的工业""工业里的农业"。我国农机制造企业大多位于县城、地级市或大中城市郊区，制造的产品直接服务农业生产，所吸收的产业工人很多也都是农民工，在提升农业综合生产力水平、改善农村面貌、吸纳农民就业等方面发挥着举足轻重的作用，而且是多方面的综合作用。因此，大力发展农业机械化，可以收到"一石多鸟""一举多效"的综合成效。

受我国计划经济时代传统政府管理体制的制约，我国农机行业虽算不上"九龙治水"，但仍存在较浓厚的部门分割、条块分割的影子。比如农机制造业，传统上属于原机械工业部管理，原机械部撤销后划归工业和信息化部管理，但受机构编制所限，工信部装备司实际上只有"半个人"分管农机行业；农业机械推广和应用属于农业部管辖范围，农业机械流通又属于商务部管辖范围。若隐若现的部门分割，不可避免地影响着相关工作的协调和事业的推进，原来分属不同部委管理的单位之间也多多少少存在只可意会、不可言传的"边界意识"。比如，属于原机械部管理的中国农业机械化科学研究院，尽管1956年就建院了，但很难申请到农业部主持的财政项目，也较少参与农业部组织的大型会议和活动。在宗锦耀到农机化司任职之前，中国农机院就很少参加农业部组织召开的全国农业机械化工作年度会议。宗锦耀一贯胸怀坦荡，大公无私，待人诚恳，善于团结一切可以团结的力量，调动一切能够调动的积极因素。他就任农机化司司长后，很快就团结了农机行业原本不属于农业部主管的相关重要单位（如中国农机院、中国农业大学、中国农机流通协会、中国农机工业协会等），主动邀请其参加相关重要会议，积极给予相关财政项目支持，充分调动相关单位工作积极性，营造了"天下农机是一家"的生动活泼的干事氛围。2009年8月，在黑龙江省佳木斯市召开的全国农机化科教工作会议上，宗锦耀强调，农机化科技的大发展，需要破除狭隘的门户之见，摒弃庸俗的利益之争，树立"不求所有、但求所用"的观念，把农机化系统内外的广大科技教育工作者凝聚在一起，通过跨部门、跨地区、多学科、多领域的农科教大联合与产学研推大协作，取得农业机械化科技的大突破与大成果。

心底无私天地宽。宗锦耀一心为公，为了推动事业发展，敢于动真碰硬，果断调整既有利益格局，动一些人的"奶酪"。他从减轻企业负担的角度出发，果断出手整合农机行业展会，充分体现了他的巨大改革勇气和干事魄力，至今仍为业内人士所称道。

农机市场调研

2011年之前，中国农机流通协会每年要举办两次全国性农机展会，上半年、下半年各举办一次。而当时中国农机工业协会也基本上会在上半年举办一次全国性农机展会，新成立的中国农机化协会也开始办展，由于其强大的政府背景和用户号召力，该协会第一次在廊坊举办国际农机展就有了很大的影响力。对农机企业来说，感觉三家协会"来头"都不小，谁也不敢得罪，哪家协会举办的展会都得去"捧场"，实则是重复参展，经济成本和时间成本都很高，企业苦不堪言。宗锦耀了解到这个情况后，并没有"事不关己高高挂起"，而是挺身而出，"多管闲事"，积极说服三家协会联合办展，由过去的一年4个展会减少至2个，大大减轻了农机企业的负担。第一农机评论公众号称，此举是宗锦耀作为前任农机化司司长留给农机行业的一份历史遗产！功莫大焉！

为了给农机行业发展争取多方面的政策和资金支持，他积极组织行业力量开展相关方面的政策专题研究，并多次亲自到国家发改委、财政部等部门去争取支持。他组织有关行业专家起草了《关于我国农业机械化发展情况的报告》，呈送国务院领导同志，受到高度重视，为扩大中央财政农机购置补贴资金规模打下了坚实基础。他积极组织起草并推动印发了《国务院关于促进农业机械化和农机工业又好又快发展的意见》（国发〔2010〕22号）。《意见》内容涵盖农业机械化发展的各个方面，全面系统地提出了我国农机化发展的指导思想、基本原则、发展目标、主要任务、扶持政策以及加强组织领导等方面的新要求。《意见》的制定实施是我国农业机械化史上的一个重要里程碑。正如曾经参与《意见》起草的中国农机工业协会一位负责人所说的那样，"这是一份着眼未来的农机'新政'。改革开放30多年来，以国务院名义给农机工业发文件，这还是首次，也是国务院对国民经济中一个三类小行业单独行文，其意义是历史性的。"

积极推动出台《农业机械安全监督管理条例》，也是宗锦耀的一大历史贡献。随着农机化事业的快速发展，各类农机保有量快速增长，农机作业领域不断拓宽，农机操作人员大量增加，农机安全问题也日渐突出，农机安全事故时有发生，人民群众人身和财产蒙受巨大损失。宗锦耀深刻分析了造成农机事故的主要原因，认识到应该从立法高度，加强农机安全监管，遂开始积极推动国务院制定出台相关法规。经过数年的不懈努力，2009年9月17日，时任总理温家宝签署第563号国务院令，公布了《农业机械安全监督管理条例》，并决定于当年11月1日起施行。《条例》的颁布施行，为加强农机安全监督管理，遏制农机事故

2012年江西农机调研

多发频发势头，保障人民群众生命财产安全发挥了巨大作用。

2013年12月，宗锦耀调离农机化司。从2006年10月任农机化司司长算起，他在这个岗位上工作了7年多的时间。这7年，也是改革开放以来我国农机行业发展速度最快、成效最显著的"黄金期"。中央财政农机购置补贴资金规模由2006年的6亿元增长到2013年的217.6亿元，8年累计补贴规模达958.5亿元；全国农机总动力由2006年的7.26亿千瓦增长到2013年的10.39亿千瓦，年均增长5.3%；全国主要农作物耕种收综合机械化水平由2006年的39.29%提高到2013年的59.48%，年均提高2.9个百分点；全国规模以上农机企业主营业务收入由2006年的1 273亿元增长到2013年的3 843亿元，年均增长17.1%。

在全国农机行业高歌猛进的这7年里，尽管形势不错，且大权在握，但宗锦耀始终保持谦逊低调、清正廉洁的公仆本色，对于地方农机管理部门在执行农机购置补贴政策过程中暴露出的腐败行为，他总是深恶痛绝，疾恶如仇。他曾多次在农机行业的全国性会议上，怒斥一些地方执行农机购置补贴政策的违法违规行为，称"这么做，简直是脑子进水了！"

管理着几十成百亿元的农机购置补贴资金，很自然会成为众多农机企业负责人争相结识的"大人物"；推动农机事业发展，客观上也需要认真听取农机企业特别是骨干企业负责人的意见和建议，因此和农机企业打交道总是免不了的。宗锦耀不像某些官员那样，视企业负责人如洪水猛兽，避之唯恐不及，似乎只要一和企业打交道就会惹火上身。他始终能正确处理好和企业交往的分寸，坚守和企业家保持"亲清关系"的底线。有位农机企业家多年后仍感慨说，作为当时农机化系统的最高主管者，每年管理上百亿元补贴资金，但宗锦耀前司长却始终坚持清正廉洁，深知农机企业的不易，不愿给企业增添负担，这与彼时的某些基层干部把农机补贴资金当作"唐僧肉"，在补贴政策实施过程中向农机企业吃拿卡要的现象形成了强烈对比。

宗锦耀任农机化司司长7年间，他不仅严于律己，自身清正廉洁，而且始终严格要求司机关干部及部属两家农机事业单位的工作人员。在他任职期间，尽管中央财政农机购置补贴资金连年增长，但作为补贴政策顶层设计者和统筹执行者的农机化司机关和农机鉴定总站、农机推广总站两家部属农机事业单位，却没有出现一名干部因补贴操作违规而出事的。

宗锦耀善于从宏观视角思考和谋划农机化发展问题，能够"跳出农机看农机"，更善于把丰富工作实践中的体会和认识进行理论概括和经验总结，并用于更好地指导实践。在农机化司工作期间，他组织业内专家学者和有丰富实践经验的农机化管理干部，围绕农机化政策法规、发展道路、装备需求、区域布局、组织培育、社会服务、农机作业、设施农业、科技教育、试验鉴定、技术推广、安全监理等重大问题，确定了20多个课题开展深入研究，并将研究成果结集，组织编辑出版了《中国农业机械化重大问题研究》一书，为农机化行业理论研究做出了重要贡献。他还组织撰写了多篇关于农机化发展的理论文章，在《求是》《人民日报》《经济日报》等报刊上发表，受到广泛好评。

他高度肯定全国农机化发展成就，认为我国农机化发展实现了两大历史性跨越，即农机化发展由初级阶段到中级阶段的重大跨越，农业生产方式由人力畜力为主向机械作业为主的历史性跨越。他积极宣传农机化发展的巨大作用，并总结提炼为"四个三"的综合贡献。他认为，发展农机化可以提高"三率"（劳动生产率、土地产出率、资源利用率），促进"三增"（粮食增产、农业增效、农民增收），实现"三个解放"（把农民从土地中解放出来，彻底改变多数农民搞饭吃的局面；把农业从传统的生产方式中解放出来，彻底改变靠人力畜力为主的落后低效的生产方式；把农民从高强度的劳作中解放出来，彻底改变面朝黄土背朝天、日出而作、日落而息的生活方式），达到"三个促进"（促进农业稳定发展，农民持续增收和农村经营体制改革；促进生产、生活和生态建设；促进农业、农民和

赴江西省崇仁县看望调查组

农村面貌变化)。在2011年12月召开的全国农业机械化工作会议上,他把做好农机化工作的思路概括为贯穿"一条主线",推进"两个融合",突出"三个重点",坚持"四个着力",全面提高"五个水平"。"一条主线"是依靠科技进步、转变农机化发展方式、提升发展质量效益;"两个融合"是农机农艺融合、农机化信息化融合;"三个重点"是调整优化装备结构布局、主攻薄弱环节机械化、推广先进适用农机化技术;"四个着力"是着力落实完善政策、着力培育发展主体、着力建设人才队伍、着力强化公共服务;"五个水平"是全面提高农机装备水平、作业水平、科技水平、服务水平和安全水平。

宗锦耀在工作中的理论总结和概括,总是贴合实际又易懂好记,并为许多地方的农机化管理干部所接受和传播,在指导实际工作中发挥了很大作用。

溘然辞世,长使亲朋泪满襟

宗锦耀身材高大魁梧,方脸宽额,嗓音洪亮,可谓"南人北相"。更为亲友所熟知的是,他业余时间喜欢哼唱草原歌曲。或许和他曾在农业部草原监理中心的任职经历有关,他对我国五大草原的来龙去脉如数家珍,对我国历史上农田、草原、森林的变迁规律深有研究,他的胸怀像草原一样广阔,而他对我国草原的热爱也都浸透在他的歌声里。

严格来讲,他的吐字发音多少还带有浙江家乡口音,因此,他演唱北方草原歌曲时,发音算不上十分标准,但他对歌曲旋律和节奏的把握比较到位,更为难得的是,他演唱草原歌曲时给人一种全情投入、如痴如醉的感觉,每每令闻者动容。《蒙古人》《父亲的草原母亲的河》《康巴汉子》《天堂》《我和草原有个约定》等,都是他十分喜欢的歌曲。亲友们都记得,他多次在演唱《康巴汉子》中"血管里响着马蹄的声音"一句时,都会用双手手指欢快摆动,以模仿马蹄跳跃的画面,引得亲友会心大笑。

正因为宗锦耀胸怀宽广,待人诚恳,且又爱好广泛,平易近人,他才拥有了极强的人格魅力。凡是和他接触过的人,无论同事还是朋友、上司还是下属、故交还是新友,大家都发自内心地喜欢他、信任他、尊重他、爱戴他。很多相识几十年的老同事、老朋友,在他退休后还一直和他保持联系,并经常相约一起散步、喝茶。曾在他领导下工作的同事,在他退休后,还经常去看望他。然而,就是这样一位备受亲友爱戴的好人,却走得这么早!因突发疾病,抢救无效,宗锦耀于2023

年7月6日在北京逝世，享年仅63岁。此时距离他从农业农村部退休尚不足3年。

噩耗传来，亲友无不感到震惊悲痛。有好友和同事第一时间到宗锦耀家中看望，慰问家属，并主动帮助料理后事。还有亲朋好友发起了治丧微信群，数百位亲朋故交在群里表达悲悼之情，还有不少同事和朋友自发创作诗词、挽联、文章等40多首，有同事自发整理、提供宗锦耀同志生前照片等近百幅，寄托不尽的哀思。

有年轻的下属在挽诗中写道："您走得太过突然太意外，一直想的是博士毕业后去看望您，却永远没这个机会了。"有多年同事说："锦耀同志时刻以农民福祉为中心，热爱乡镇企业和农产品加工，热爱农机、草原和法规，他提出'农民办企业要多轮驱动，多轨运行''农业不加工，等于一场空'。他是这么说的，也是这么做的。"有多年部下评价道："回想他的一生，波澜壮阔，荡气回肠，在他紧张的工作生活中，几乎没有什么生活，他崇敬的乡企，他喜爱的草原、畜牧、农机、农加工、法规，他的表率都不断在变换。对于宗先生，任何时候都不能说他已'成为'怎样一个人。他永远正在'逐步成为'怎样一个人。他一直在探索，一直在变化，他总是重新考虑，不断提高对自己和理想的要求。"有亲友创作挽联写道："相知相识十八载，做人做事当楷模""泪咽泣无声，一片伤心画不成；别语忒分明，泣尽风檐夜雨铃""对人对事一片赤诚，从无半点虚伪；为国为民两袖清风，自有满腔真心""人善多磨难，历尽铅华成此景；性好不长命，长使亲朋泪满襟"。有多年朋友怀念道："曾经的您谈起乡镇企业、谈起'三农'工作，激情四射，侃侃而谈，胸中奔涌着干事创业的力量和勇气；退休后的您偶尔组织老友相聚，谈天论地，延续友情，享受天伦。您带给朋友们的是阳光、正能量，是治愈与和谐。"

2023年7月12日10时许，宗锦耀同志告别仪式在北京八宝山革命公墓兰厅举行。暑热雨多日的北京城，却在当天上午大雨滂沱，仿佛上天也在为宗锦耀的逝去而伤心落泪，正如一位同事在挽诗中写道的那样，"昨夜的风无休无止，诉说往事；今天的雨如歌如泣，为君送行"。

尽管天降大雨，但仍有300多位生前好友赶到八宝山来送宗锦耀最后一程，其中包括数位农业农村部副部长级领导干部、数十位厅局级领导、相关行业协会领导以及部分行业骨干企业的董事长、总经理等。告别厅门前一度挤得水泄不通，人们都想着再看他最后一眼，送他最后一程。

宗锦耀同志和我们永别了。他的英名、业绩和风范将永远铭刻在我们心中。

（作者　路玉斌）

人物卷 Ⅱ

十一
赵剡水

　　赵剡水，男，工学博士，教授级高级工程师，1983年从江苏工学院（现江苏大学）毕业后进入第一拖拉机制造厂工作，1990年获工学硕士学位，2007年获工学博士学位，1994年、2001年两次作为访问学者分别在日本北海道大学、京都大学进行为期一年的学习深造。曾任中国一拖集团有限公司副总工程师、副总经理、总经理、董事长、党委书记，国机集团科学技术研究院副总经理，现任中国农业机械工业协会执行副会长。长期从事拖拉机产品设计研发、生产制造及企业管理工作。

意外与农机结缘 四十年不遗余力 赵剡水

物来顺应

中国农机工业有一家标志性的企业，那就是中国一拖集团有限公司（简称中国一拖）。众所周知，就像所有行业的发展一样，重化工业时代，中国一拖是中国农机工业的摇篮，也是为这一领域培育大量人才的"黄埔军校"。中国一拖人才之众，让人们在各个相关领域都很容易邂逅有一拖背景的人，或者或多或少在各种场景遇到与之有所交集的人或事。可见，中国一拖人才之盛，在中国农机工业发展史中席位之重。在这样背景下的中国一拖历代掌门人之"贵重"难得。

在中国改革开放中成绩卓著、令人叹为观止的一代优秀企业家，大多是20世纪五六十年代生人，然而由于历史的原因，这一代人受过正规教育者不多，得到系统正规的专业教育，并获得博士学位的人更是少之又少。

赵剡水，1963年4月出生于山西闻喜，1983年从江苏工学院拖拉机设计与制造专业毕业，入职第一拖拉机制造厂，从此进入中国农机工业领域，并在随后近

2013年4月，在香港参加一拖股份2012年度业绩发布会

四十年的职业生涯中，始终如一，坚守在这个行业中。也正是因为这种坚持，赵剡水在其后的工作岗位上，尽可能抓住学习和深造的机会，因此成为中国一拖集团乃至新中国农机制造企业拥有最高学历和学识成就的领导者，成为一个时代的标志性人物。

当时不杂

四十年来，赵剡水多次牵头主持完成"国家技术创新项目""国家科技支撑计划""国家重点研发计划"等重点科研项目，主持研制开发的"200马力动力换挡拖拉机""新型节能环保农用发动机"等产品，填补了国内空白，突破了国外技术垄断，达到了国际同类机型先进水平，提升了我国农业装备行业的整体技术水平和国际竞争力，得到了市场和用户的认可；推进组建了"拖拉机动力系统国家重点实验室""国家农机装备创新中心"等国家级创新平台；被选为第十二届、十三届全国人大代表，曾获得改革开放四十年中国农机工业功勋人物、全国优秀科技工作者等称号。

"我很荣幸自己作为亲历者，见证了中国农机行业至关重要的四十年。看着我国的很多农机产品从无到有、从有到优，到现在智慧农机的快速发展，本土企业从引进、消化、吸收再创新，到以我为主联合开展正向设计，开发出具有完全自主知识产权的产品，都具有划时代意义。"看着我国农机产品技术和工艺制造技术的逐步提升，作为亲历者，赵剡水不禁深感自豪。

未来不迎

农机工业作为装备工业基础之一，该行业拥有一些与众不同的特性，以拖拉机、收获机械等为代表的农机制造行业，在很多人眼中，可能会认为这是一个劳动密集型产业，资金投入大，见效却未必快。大多可以低门槛进入，规模解决地方就业是其最大的特点，也是对经济发展的贡献。

新中国成立初期，以快速实现农业机械化为主要目标的国策，加上"工农剪刀差"的大背景，决定了国产拖拉机定价不高，产品以实用为主，满足国内市场需求。当我们国门打开，见识了国际上知名品牌拖拉机等农机产品后，落差之大不仅体现在制造水平上，更体现在其巨大的价格上。在一些国际一线品牌，其产品价格唯有以昂贵来描述。这些差异表明,世界市场中的农机品牌,其产品技术和制造工艺水平,并非简单地以劳动力或资金投入即可造就而成。无论拖拉机、收获机械,还是配套农机具,在很多地方集成了先进技术、制造工艺以及一流的产业工人、高水平的管理和规范的供销渠道等。

在所有发展要素中,人才无可争议地占据最重要位置,得人才者,才有望得天下。而以投资长、见效慢,资产重为特点的装备工业,懂技术、善管理的复合型人才更加可贵。

在纷扰繁华的世界里,能够用一生的时间,专注而努力地做一项工作,做好一件事,何其难得,何其可敬!在此,我们向以赵剡水为代表的,所有坚守岗位,数十年历经风雨,从无到有、从有到优,砥砺前行奉献的农机人致以崇高敬意!

2019年国庆节,在北京参加庆祝新中国成立70周年观礼活动

既过不恋

赵剡水回忆说,当初高考报志愿以及后来毕业分配的时候,农机皆非他的主动选择,更没有想到这一干就是长达四十年的"美丽结缘"。

他说,在近四十年的过程中,他一直心存感激。改革开放改变了一代人的命

运，让他们有机会读大学，实现自己的人生价值，为国家发展做出贡献。我也感恩农机这个大平台，让我能在这个大背景、大环境下发光发热。每每回想起这四十年的时光，赵剡水内心依旧波澜，心怀感恩。

在担任两届全国人大代表履职的十年间，赵剡水深入调查、认真研究，针对农机行业面临的热点和难点问题，积极提交建议，如"加快我国农机工业自主创新能力提升""加大对农机企业税收优惠政策支持力度""加快建立智能农机装备创新体系""加大高端先进农业装备政策支持力度""加大国家投入力度、支持丘陵山地农机发展"等，其中多项建议内容被国家部委、行业主管部门所采纳。赵剡水感叹，干了一辈子农机，不论何时何地，心中总系着它。

"中国农机化发展任重道远，虽然近年来取得了长足进步，但还存在高端产品供给不足、产学研用融合不到位、数据共享障碍亟待突破等问题，这些需要社会各方形成合力共同推进。"今年年满60岁，担任中国农业机械工业协会执行副会长的赵剡水坚定地说："干了一辈子农机，肩上的责任始终没有松懈，为继续推进农机产业高质量发展，此生将不遗余力。"

人物卷 Ⅱ

十二
浦京柱

浦京柱，男，汉族，祖籍湖北省仙桃市，1941年11月出生于湖北省安陆市。九三学社社员。1964年7月毕业于武汉工学院（现武汉理工大学）机械系本科机器制造工艺及设备专业。1964年9月参加工作。40多年来，他先后在湖北内燃机配件厂从事机制工艺及刀、夹、量、检工艺装备和专用机床等技术设计，主持设备管理及维修工作，负责职工技术培训并任教。在湖北省机械局、湖北省农机局工作期间，分别主管湖北省机床工具行业、湖北省农机行业的生产计划、标准化、新技术推广、新产品开发及鉴定与质量监督等技术管理工作。他精通专业技术，熟悉企业与行业管理，其踏踏实实的工作作风及突出业绩多次受到省部级、单位各级组织和群众的赞誉。

1980年3月，调入湖北省农机局，相继任企业处副处长、高级工程师，兼任湖北省标准化协会机械专业委员会、农机专业委员会副理事长、副秘书长，湖北省农机学会常务理事兼副秘书长、农机学会材料与制造技术专业委员会副主委，湖北省农机技术高级职称、中级职称评委会评委。国家注册工业产品生产许可证审查员、国家注册质量管理体系审核员、中国农机产品质量认证中心质量体系审核员、中国方圆认证中心质量体系审核员、湖北省认证认可协会理事、湖北省质检机构实验室计量认证／审查认可（验收）评审员、湖北省质量体系内审员注册资格审定委员会委员，国家级质量管理小组（QCC）咨询诊断师、农业部（现农业农村部）质量管理咨询诊断师、农业部QCC咨询诊断师，参与相关咨询诊断、评审工作。他在农机行业有效地推行全面质量管理（TQC），指导、帮促企业通过开展QCC活动，实现持续改进，提质降耗，成效显著。多次荣获农业部质量管理优秀推进者、湖北省优秀质量管理工作者、湖北省机械行业优秀质量管理工作者、湖北省农机局／农机管理局先进工作者称号。被评为湖北省有突出贡献的中青年业务骨干，并受聘担任中国管理科学研究院学术委员会特约研究员。

他撰写的30多篇论文对改进生产技术和产品质量监管工作、促进企业技术进步与发展发挥了积极作用。其中《对改革我国产品质量监督、检验、管理工作的初步探讨》《对我国工业企业推行TQC的认识与思考》《对新形势下质量管理的思考》《谈谈QC小组活动的有效性》《对农机修造企业改革与发展的探索及思考》等10多篇论文被《监督与选择》《湖北农机化》《九三湖北社讯》《中国改革发展论文集》《中国管理科学成果总览》等刊物选登，并多次荣获湖北省自然科学优秀论文奖、湖北省农机学会优秀论文奖，参加过中国农机学会和国际学术交流讨论会。其业绩简介也被《中国农业机械科技人才名录》《中国专家大辞典》《当代中国人才库》收录。

博学笃行者　浦京柱

刻苦求学，德能同修

1941年11月，浦京柱出生在湖北省安陆县城关的一个贫民家庭。父亲独自从湖北省沔阳县到安陆后靠打工记账为生，收入微薄；母亲手工劳作，终日辛苦；外婆纺线、缝衣贴补家用，一家人的收入只能维持基本生计。纵然捉襟见肘，父母还是视他如掌上明珠，疼爱有加。有一次外婆带他到娘家弟弟"三舅爹"的铁匠铺借钱，他看到师徒们汗流浃背地抡起大锤，一锤、一锤砸向烧红的铁块，好奇地问："我可以学吗？"三舅爹大声说道："你体弱力气小，不行！好好读书去。"也是，由于他体弱多病，加上经济困难，过了10岁还没有上学。好的是，叔外公教他做竹筒水枪、风筝、风车、鸡毛毽子、弹弓等玩具，培养了他的学习兴趣及动手能力。他用火柴盒做抽屉桌、卡车，将玻璃片在煤油灯上熏黑后，用钉子划出图案做幻灯片，夜幕之下，用手电筒照到白墙上，总会吸引街坊的孩子一同嬉戏玩耍，乐在其中。月光下，酷暑纳凉，外婆和母亲经常讲故事给周围的孩子们听。无形中，"岳母刺字精忠报国""王祥卧冰"的忠孝故事在他幼小的心灵中深深地扎下了根，求学欲望日渐强烈。

1950年9月，外婆和母亲找三舅爹借钱把他送进了小学。从此，他如饥似渴地努力学习，很快就吸引了几个同学来家里一起做作业，形成了学习小组。大家在"半个糖人乐分享，挑灯夜读不思眠"的气氛中互帮互助，共同进步。他尊师重学，每学期获奖的文具、练习本足够使用，并以优秀的成绩连续跳级，小学读完四年就顺利地进了初中。

初中期间，他学习更加勤奋努力，还经常主动地帮老师、同学们做点事情，很快就加入了少先队，戴上红领巾，誓做共产主义接班人！初中二年级时，学校组织春游，全校师生步行15公里，到白兆山领略唐朝大诗人李白的诗情画意，感受大自然的雄伟壮丽，磨炼同学们的耐力与意志。初三时，发现邻居家院子里有几位工人师傅在化铁水生产农具，他被吸引了，每天放学后总要顺道去看个把小

时才回家。次数多了，人熟了，师傅们就告诉他："这是化铁炉，那叫沙型，浇铁水到沙型中叫铸造，从沙型中冷却出的叫铸件……"这使他脑海里有了浅显的生产制造概念，同时感受到了体力劳动者的艰辛。

1957年9月，他考上了蒲圻高中。这是当年湖北省咸宁地区招生的三所高中之一，高中三年，除苦读之外，还经受了大办钢铁、勤工俭学、下乡抢"四快"帮农民抢种、抢收、抗旱等磨炼，与农民同吃、同住、同劳动。在困难的农家，稻草铺地上，几名同学和衣躺，咸菜轮着吃，餐餐无主粮。干活虽辛苦，快乐心飞扬。粮荒时，学校组织同学上山挖野竹笋、蕨根、野芹菜、苕藤等充饥。艰难的生活，繁重的学习、劳作，既磨炼了意志，也提升了他的独立生活能力，更激发起他奋发图强、报效国家的坚定信念。高三时他光荣地加入了共青团。

1960年7月，高中毕业，他考上了武汉工学院（现武汉理工大学）。开学伊始，学校就因他家经济困难，给他提供了"双甲"（甲等伙食补助，甲等学习、生活用品补助）助学金支持。他感恩戴德，决心在刻苦努力学习的同时，争取多为学校做事，多为大家服务。他先后担任院学生会宣传委员、院广播站广播员、站长，他一边落实教学任务、营造良好学风，一边享受丰富大学生活。1962—1963年在武昌车辆厂、洛阳拖拉机厂实习过程中，他积极配合老师带领实习小组的同学很好地完成了实习任务，与工人师傅关系融洽，学到了很多机制专业的实际操作技能。1963年暑假，他积极参加、主持学院的迎新工作，从策划、摄影、冲洗照片，到编撰宣传资料、组织迎新人员及物资配备等，都安排得井井有条，院领导对其十分赞赏。开学后，他又以自己的学习体会和设计资料向机制专业的新生作了较全面的专业介绍，获得师生的好评。同年，学院授予他"优秀共青团员"称号，成为入党培养对象。大学4年，他的组织协调能力、表达能力迅速提升，服务意识大大加强。

浦京柱在10多年的艰辛求学、成长过程中，严格自律，坚持德、智、体、能同修，团队精神不断加强，坚定了为民服务、为国效力的信心。

初出茅庐，勇于践行

1964年7月，浦京柱大学毕业后被分配到湖北省机械局的直属企业——湖北内燃机配件厂（省直属八大农机厂之一）工作。

一天，父母亲与他谈心，语重心长地说："儿呀，你长大成人了，马上就要参加工作。我们不希望你升官发财，只求你踏踏实实干事、老老实实做人。你做得到吗？"他深情地回答："我决不辜负国家和父母亲含辛茹苦的培养！一定会做到！"

8月底，他离安赴汉，乘江峡轮沿长江西行。两岸秀丽的江景激发着他对美好工作生活的憧憬。到厂后，按规定实习一年。他先后到曲轴、连杆、凸轮轴车间的车、铣、刨、磨、钻、钳等工序拜师学习操作技能，继而在师傅的指导下顶班生产。同时，积极参加车间的改革和技术攻关活动，先后解决了198型柴油机曲轴的键槽与M33细纹加工精度难题和连杆螺栓孔加工的"三度"（光洁度、平行度、垂直度）精度难题。并自编教材、自刻、自印、自装订成册，还亲自讲授，配合车间领导有效地组织实施了职工业余技术理论培训。他不但赢得了车间领导和工人们的一致好评，而且自己理论联系实际的动手能力也得到了迅速提高。随着工作能力与实干精神被认可，他实习半年就被调到厂技术科工作，从事工艺、工艺装备和专用机床设计。

1965年5月，湖北省机械局组建了"三线搬迁指挥部"。浦京柱被抽调到指挥部负责从工艺设计，设备布置、安装、调试，工艺及生产验证，直至交付投产的一条龙工作。他又惊又喜！惊的是，初出茅庐，经验缺乏，就被委以类似新建工厂的基础技术设计重任，深感责任重大；喜的是自己所学专业知识理论有了与实践相结合机会。他充满信心地接受了这项艰巨的任务。

在九三学社湖北省委参政议政会议上作《对加速湖北省农机化进程的建议》的提案说明

技术科办公室里堆放着两厂三条生产线的技术资料。他首先向省柴随三线调来的徐立海厂长求教，共同商定了新三线的生产纲领和设计要求。随后，在办公室夜以继日地查阅两厂三条生产线的工艺文件和设备资料，开始新三线的工艺设计工作。他吃睡都在办公室，蚊叮虫咬他也不在意，苦战三天三夜拿出了三套设计方案。经湖北省机械局专家组评审，选定其一实施。随后，他根据曲轴、连杆、凸轮轴新三条流水生产线的平面布置图，现场指导并亲自参与厂房改造、设备调整搬迁、安装、调试等工作，直至交付投产。在全厂各部门的密切配合与共同努力下圆满地完成了任务。而他却因缺乏经验，在设备搬迁过程中，用力不当，导致胸膜受损、感染，捂胸工作到坚持不了时才住进沙市疗养院。

他踏踏实实干事，任劳任怨的工作作风在厂领导、员工和省机械局主管领导心目中建立了良好的印象。他辛苦、收获、乐在其中。

从容不迫，排难解忧

1975年初，第一机械工业部机床工具局给长江机床厂下达专为洛阳矿山机械厂704军工加工Φ2500齿圈所需的插齿机指令计划后，厂领导高度重视，迅速安排生产。9月底就完成了插齿机的出厂检验，向国庆节献上了"厚礼"。随后，长江机床厂多次与洛矿704联系，商讨插齿机交接事宜，均未得到积极配合，导致设备搁置、资金积压、信誉受损；机床工具局也因未完成支援军工任务而陷入被动。因此，机床工具局决定邀请洛矿704派人到长江机床厂共同验证插齿机，商讨解决争论不休、久拖未决的问题。

1976年9月9日，浦京柱奉命提前两天赴湖北省宜昌市会同长江机床厂做验证准备工作。有领导作主，他没多大压力，显得格外轻松；而厂方同志则强调，洛矿704的项目负责人一心想购买进口设备，不好沟通。当汽车快接近宜昌时，收音机里突然响起了哀乐，播音员沉痛地报道着伟大领袖毛主席逝世的噩耗。省机床通用公司马有慈经理电话通知浦京柱："因要求原地悼念毛主席逝世，机床工具局和省机械局主管领导与我都不能到厂，特按机床工具局指示，委派你全权代表机床工具局主持本次插齿机试切验证工作。"他顿感责任重大，仍果断地表示："一定努力完成任务！"

浦京柱一方面谦虚地向董如海厂长请教，商讨参加试切验证工作的人员安排及准备工作事项，另一方面及时拜会洛矿704的同志，倾听他们的想法。在此基础上，他组织长江机床厂和洛矿704的相关人员共同商讨制定了详尽的Φ2500、模数6毫米齿圈试切验证方案；随后，一起按插齿机的出厂标准检查其主要性能指标及外观质量；对洛矿704提供的待插齿工件进行材质及机械性能指标确认，插齿加工由两厂技术娴熟的老练操作工进行，质量由两厂检验人员共同检测判定。浦京柱夜以继日地在场陪伴，监督相关人员严格执行试切验证方案，分时段详细记录插齿机工作情况，经过二十多个小时，终于顺利完成了Φ2500齿圈的齿形加工。三方共同检验后，确认其加工精度完全达到了设计要求。

在试切验证工作总结会上，洛矿704的操作工和检验员均对设备作出了肯定性的客观评价；长江机床厂的董厂长则对为军工服务，对插齿机的质量跟踪作出了积极承诺。而洛矿704的项目负责人则表现出了十分矛盾的心态。浦京柱见状，则强调应该考虑确定设备的初衷，面对现实，解决问题，相信国产设备，不必过忧未来。劝慰洛矿704项目负责人调整过去的想法，以发展的眼光思考、决策，接受专供插齿机。经过反复磋商，最终达成共识并形成了《试切验证纪要》，明确规定了长江机床厂与洛矿704就插齿机交接、付款、售后等相关方面的责任、义务及时限，使长期争论不休的难题迎刃而解。机床工具局主动了，长江机床厂可收回积压资金，维护声誉，皆大欢喜。

呕心沥血，培塑典范

1980年3月，浦京柱调到湖北省农机局从事全省农机行业技术管理工作后发现：除湖北柴油机厂、湖北拖拉机厂等八大省直企业和武汉柴油机厂、武汉拖拉机厂等骨干企业以外，不少农机修造企业虽然有了自己开发的农机主导产品，但由于规模小、技术基础差、管理水平低，产品质量得不到有效保障，甚至以价廉质劣的产品冲击市场。为此，他把推行全面质量管理（TQC）作为"抓管理、上等级，全面提高素质"的第一项重要措施，明确指出每个企业要"积极推行和完善全面质量管理，建立质量保证体系"。他与局、处领导商定：在要求、鼓励、推动省直、骨干企业努力推行全面质量管理，普及全面质量管理教育，建立质量保证体系，积极参与国家、省部组织开展的创质量管理奖、创名优产品质量奖活动的同时，将有望实现创"国优"目标的广济柴油机厂作为重点帮促对象，以期能发挥以点带面的示范作用。

广济（现武穴市）柴油机厂是由广济农机修造厂发展起来的县级企业，生产

以R175A型为主的小型柴油机。为帮助广柴实现"国优"目标，他从指导企业制定产品内控标准，坚决执行质量否决权入手，对职工进行全面质量管理普及教育。针对生产现场、过程中存在的问题，指导实施定置管理，加强对原材料的质量控制，改进工艺、工艺装备，逐步加强对人、机、料、法、环、检验5M1E因素的管理，严格按技术标准组织生产，通过强化生产过程的质量管理建立稳定生产优质产品的保证体系。他遵循"逐步整改，扎实推进"的工作方针，有时还带着幼小无人照顾的女儿到现场指导，亲力亲为。他高兴地看到，每次提出的整改要求，广柴都能如期落实，效果明显。直至创"国优"目标实现。

R175A型柴油机荣获了"国优银质奖"，为湖北省农机行业争了光，添了彩。在庆功会上，他激情祝贺：

同堂共饮庆功酒，激情满怀语难酬。

干群同心创业绩，中流击水驾飞舟！

全场报以热烈的掌声。

岂料祝福成真：随后，机械工业部立项，由天津机电研究院设计，投资几千万元，改造广柴而成的"广济动力机总厂"诞生。综合素质、管理水平得到大幅提升的广柴职工，快速上岗，创新业绩，使工厂成为我国生产小型柴油机的现代化骨干企业，并率先通过ISO9001质量管理体系认证，不断为微耕机等小型农田、水利机械提供优质的配套动力。

在四川阆中市缸套厂现场随机抽检创部优产品

榜样领路，以点带面的效果是明显的。在你追我赶的创优活动中，学广柴，提质降耗，推行全面质量管理见成效，先后有20多家企业实现了产品创省优、部优、国优质量奖和质量管理奖目标，大大地激发了全员参与企业质量管理活动的积极性与责任感，企业整体技术素质得到提高。走质量效益型道路，发展迅速。

不负使命，乐于奉献

不负使命、乐于奉献体现在浦京柱几十年的工作过程中。不论是本职工作，还是上级领导交办的任务，他都不负使命，认真完成。从奉献中体现自身价值，享受快乐。

1978年4月，浦京柱按湖北省机械局的指令和厂领导的要求，从省机械局返回湖北内燃机配件厂创办"七二一工人大学"。从制订机制专业三年大专班教学计划入手，选聘专（兼）职教学、管理人员，组织编写教材，落实教学设施，遴选学员，事事发挥团队作用。在厂党委的高度重视与大力支持下，仅一个多月的筹备就开学了。他亲自执教，兼顾管理，怀"利他之心"，行"以身作则、率先垂范"之实，团结同志，群策群力，确保严格执行教学计划，收到了良好的效果，在湖北省职工大学评比中名列前茅。为本厂和兄弟企业培养了20多名能文能武的技术人才。浦老师严谨治学、诲人不倦的精神广受称赞。

在省农机局组织企业学习、推行全面质量管理（TQC）的过程中，他认为："全质管理＝企业内部TQC＋全社会质量管理"。要广泛推行TQC，提高TQC水平，应切实从企业内部与社会两个方面着手。就企业内部而言，推行TQC必须紧密结合企业特点，分类指导，力求实效。从社会层面而言，则希望国家在建立科学、公正的权威质量监督检验机构的同时，让质量否决权从企业内部走向全社会的质量管理之中，并实施产品优质优价，奖优惩劣等激励政策，调动企业推行TQC的积极性。

按此思路，他帮促企业持续整改，逐步推行TQC，制定并实施产品质量创优计划，效果明显。他始有思，终有悟撰写的《对我国工业企业推行TQC的认识与思考》一文在国家质量监督检验检疫总局主办的《监督与选择》杂志全文刊载后，影响较广，在国际学术交流会上受到好评。

他受农业部农机化管理司委派，先后赴山东、宁波、山西、河北、宁夏、内蒙古、北京、四川及湖北等省份创农业部部优产品和创部质量管理奖的企业进行

现场检查、评审。他每次接受任务后，都能与临时组合的检审组成员及时沟通融合，迅速进入角色，严格按现场检审计划的要求，认真开展工作，完成任务，并尽组长之责准时向农机化司主管领导提交检评报告。他谦和、务实的工作风格受到了企业和检审组成员的一致好评。

浦京柱担任国家QCC咨询诊断师、农业部QCC咨询诊断师、农业部全面质量管理咨询诊断师，经常受派或应邀到湖北省内外企业指导开展QCC攻关活动，推进全面质量管理工作，均收到了良好的效果。在担任省部级QC成果发布会评委过程中，他评判准确，多次受到主管部门和同行资深专家的好评。

他积极推进湖北省农机企业学习，贯彻ISO9001国际标准，建立质量管理体系，率先与同行专家一起到湖北活塞厂咨询、培训，指导编写《质量手册》《程序文件》《作业指导书》等体系文件并督促实施。在培训内审员，完成内审工作后，向方圆认证中心提交认证申请。经审核合格，获得了方圆认证中心颁发的"ISO9001质量管理体系认证证书"，为湖北省的企业质量体系认证工作实现了零的突破。随后，在他的帮促下，湖北多菱动力机器股份有限公司、湖北佳华机器制造有限公司等企业都先后通过了ISO9001质量管理体系认证，使企业的质量管理水平和社会形象迈上了新台阶。

他受派对湖北省计量检测机构进行计量认证/审查认可。对企业开展生产许可证现场审查时，均尽职尽责地完成了任务，取得了主管部门和受检单位都满意的良好效果。

1993年，机关号召干部下沉，帮企业排难解忧时，他在未影响本职工作的前提下，经常利用休息时间帮助安陆农机厂。他亲自主持并参与设计、制造、安装、调试和培训，使国内第一条5～10吨/小时粉煤灰磁性复混肥生产线设备一次投产成功，为我国的粉煤灰综合利用做出了贡献。

浦京柱在学习→实践→总结与思考→再学习→实践的工作过程中，细心感悟，深刻领悟，形成了求真务实的工作作风，并适时撰文交流心得体会。他奉为座右铭的人生格言被评为优秀作品，收录在人民日报出版社编辑出版的《人生格言经典》中，供广大读者分享。

参政议政，建言献策

浦京柱1988年加入以科技界高、中级知识分子为主体的九三学社后，历任九三学社湖北省机电研究院支社委员、九三学社湖北省委直属支社主委、九三学社湖北省委直属第一支社主委。1997年6月，当选为九三学社湖北省委第三届省委委员。在主持九三学社基层组织工作期间，他团结广大社员认真履行党的方针政策所赋予的责任和义务，立足本职工作努力多做贡献。同时，积极参政议政，建言献策。他关心分布在武汉三镇几十个单位的社员，拜访社员所在单位的党组织，为社员排难解忧，基本实现了"使老社员有所乐，年轻社员有所为"的愿望，大大增强了支社的向心力、凝聚力。为此，支社连续十年被评为"九三学社湖北省优秀（先进）基层组织"，他也被九三学社中央委员会、九三学社湖北省委员会分别授予了"优秀社员"称号。

他心系农机化事业，为加速湖北省农业机械化进程，推动农业发展，利用九三学社的参政议政平台，于1992年2月以九三学社湖北省委的名义撰写了《盼望十三届八中全会决定早日落到实处——对加速湖北省农机化进程》的建议。经讨论，形成了向省政协提交的提案。2002年，《湖北省人民政府关于加快农业机械化发展的决定》（鄂政发〔1997〕58号）明确了"到2005年，全省基本实现农业机械化"的目标，但时间已过4年多，距离所定目标差距甚大，局面被动。针对这种情况，浦京柱撰写了《对湖北省农机化事业的忧虑与建议》，报九三学社

在湖北省石首机耕船厂主持新产品鉴定

湖北省委审议后也形成了"省政协提案"，对有关部门的工作发挥了促进作用。

2002年1月，他代表九三学社，受派担任湖北省质量技术监督局行风监督员，多次参与质监系统廉政建设活动，提出了"对湖北省质量技术监督系统开展'打假保名优'工作的看法与建议"，受到了有关部门的高度重视。2003年8月，他在《九三湖北社讯》2003年第3期上发表了《常抓不懈树新风——简介湖北省质量技术监督局的行风建设》一文，作为民主党派参政议政的一种尝试，增进了九三学社与省质量技术监督局的沟通，更表示民主党派对政府执行部门行风廉政建设的关心与理解。2004年3月，他再次撰写《求真务实，纠建并举上水平——续介湖北省质量技术监督局的行风廉政建设》一文，为行风评议工作提供了重要信息，行风评议结果很好。湖北省质量技术监督局的领导十分高兴，并对有关方面和个人表示衷心的感谢。

老骥伏枥，退而不休

花甲之年，浦京柱退休了，却离岗而不休，仍学而不倦，奋力前行。

他常对亲朋好友讲：生命的意义在于自身价值的体现。学会老，不学亦会老；干会老，不干也会老。何不活到老、学到老、干到老，力求最大限度地体现自己的人生价值！

他践行自己的理念，不愿虚度光阴。深思熟虑后，赋诗明确了晚年的目标与要求：

笃学奉献沁芳菲，聚精惜时报春晖。

鹤发童颜逢盛世，晚霞似锦展奇魂。

2000年始，他宝刀未老终出鞘，技艺犹存展新姿，在家中独立完成了适合山区、丘陵地带使用的5TFD型风选脱粒机设计，并获得了ZL00229532.0号实用新型专利。随后，他到湖北佳能脱粒机械厂亲自参与试制，并对样机进行多点、多种工况条件下的使用、测试验证。白天，他下车间或到村湾田间地头测试样机性能；晚上伏案修改设计图样，不怕苦、不怕累，俨然一副现场技术员的作风。在样机使用现场，农民都亲切地称呼他"武汉的老师傅"。历时一年多，在工厂朋友们的帮助下，完成了样机的稻、麦脱粒生产验证。经测试，各项性能指标良好。

浦京柱近70岁时，"独断专行"要学开车，考驾照，没想到"高龄考生"报名都难啊！他找遍驾校所属的十几家教练队报名点，无一接受，终于选定一位刘队长，向他软磨苦求。刘队长向他连发三问。

一问：你年近70岁，为什么还要考驾照？浦答：挑战极限，增强自信！

二问：你能拿到驾照吗？浦答：在学习方面，我没有过失败的记录。

三问：你家住汉口，为什么舍近求远到武昌学？答：要想取真经，不惧路途远。

浦京柱承诺"我不会是你的包袱，很可能成为你的招牌"，队长被感动了。

随后，他认真参加交规、理论知识培训，每天早上提前到达课堂，坐前排认真听讲。在5个多月的时间里，勤学苦练，一次性顺利通过了科目一二三的考试，于2011年5月20日拿到了C1驾照。现在，他驾车漫游，活力倍增，充满自信。

70岁后，老大学生重上老年大学。他学《易经》，悟天道，明宇宙之理，循人伦道德而为，做诚信守恒之士；学电脑，与时俱进，紧跟时代步伐；学摄影，记录人生美好瞬间，记录世间美丽风光；学唱歌，运气提神，增强免疫功能，既行身心锻炼，又入境融情，享受多彩人生；学书法、学诗词，丰富生活情趣。他在学诗感言中写道："诗情画意，唯心所现。常学诗，并以诗记事、抒情、悟道、明理、交友，品味人生，陶冶情操，调适心态，增进身心健康！故应学而常习之。"可见，他学有所悟，学有所获。

享受过程，憾而无悔

2011年11月，浦京柱七十大寿。九三学社的朋友们送匾祝贺，题诗曰：

浦公寿缘比南山，一生铁骨可擎天。

两袖清风立正气，敢将龃龉埋九泉。

他笑而作答：

七十春秋婴变叟，童趣未泯先白头。

苦学笃行恩难报，愧对家国志未酬。

他说，人生不可能完美，不完美才美。风雨几十年，他也不可能没有缺失、没有遗憾。

他最大的遗憾莫过于未能对年迈体弱的父母亲在膝前尽孝。1999年9月，母亲重病，卧床不起。他请假回安陆探视，含泪向父母亲忏悔、痛表愧疚之意时，二老却深情地安慰道："儿呀，我们不怪你。你工作忙，自古忠孝难以两

全啊！你踏踏实实干事、老老实实做人，没有愧对祖先。"听着老人宽慰的话，他虔诚地跪拜了双亲。分别于1999年底、2020年初，父母仙逝，他至今愧疚难酬。

他经常下厂检查产品质量，指导改进管理工作，开展"质量月"等活动，经常夜以继日，食不当餐，夜深难眠。1983年，他终因劳累过度，导致胃出血而切除2/3的胃，元气大伤。但他觉得自己享受到了工作带来的快乐，对社会也有所贡献，有憾而无悔。当身体恢复健康后，他又全身心地投入到了工作中。

退休后，他设计并经样机使用验证的小型风选脱粒机没有转化成产品，没能为山地、丘陵地区的农民、农业生产服务；自己的时间、精力花费了，专利申请费、专利费也交了，实为憾事，但在过程中也享受到了快乐！

1996年11月，因工作劳累等多方面原因，胃大部分切除后吻合口又肿痛出血，不得不再次在武汉同济医院手术切除部分残胃。谁料，术中失误导致术后大出血，浦京柱生命垂危，奄奄一息，医院极力抢救，他奇迹般地闯过了生死关，又全身心地投入到工作之中，直至退休。

工资改革前，他的工资金额已达正处级。但工资改革之后的退休金却降至副处级待遇，未增反减。他理性地面对现实，没找组织的任何麻烦。此时，他已懂得：人生真正的幸福和快乐是在任何逆境中很快恢复内心的宁静及与人的和谐，应学会遗忘、学会释怀，宽容自己，憾而无悔、问心无愧地活着。他自慰道：

> 金钱地位身外伴，贪婪追求生祸端。
>
> 勤政为民音容久，善报福临心自安。

2021年11月，亲朋好友祝贺他八十大寿，祝福词曰：

> 霞焕椿庭丹桂香，八旬寿诞共清觞。
>
> 卓尔经纶厚德载，养怡之福享安康。

浦京柱静心细品，即兴作答：

> 久旱甘露小阳春，八旬叩心忆自身。
>
> 风雨人生何足论，桑榆非晚乐晨昏。

然后，他激情地表示：这要感谢党和国家的培养、教导与关心，应该感党恩、听党话、跟党走。

他始终认为自己没有丰功伟绩，只是平凡工作岗位上的一名博学笃行者，尽心尽力了。

受聘担任一科技公司总工

如今，浦京柱已近八十二岁高龄。年前感染新冠病毒，绝处逢生，感慨万千。遂自信满满地口占七绝：

> 劫后余生沐暖阳，心花怒放拥春光。
> 喜看枯木翻新绿，灿灿红梅满院香。

后　记

浦京柱懂得贡献是实现自身价值、获得幸福人生的有效途径。无论在工厂担任技术员，从事农机产品生产的技术设计和管理及职工技术教育，还是在省行业主管部门负责行业技术管理工作，他都能尽全力履行自己的职责，气定神闲地面对各种困难和挑战，怡然自得地为企业排难解忧。他身体力行地指导、帮助企业走质量效益型道路，运用先进的生产管理技术，为用户提供优质的产品和服务，获取可观的社会效益和经济效益。

浦京柱生性率直，办事认真而不泛情趣。面对赞誉，他谦笑曰："自己工作平凡。有的，只是难以忘怀的经历。"他是一个踏踏实实干事，老老实实做人的博学笃行者。

人物卷 II

十三
曹建军

　　曹建军，1954年8月1日生，河北定州市人，中共党员。1976年毕业于青海大学（原青海工农学院）机械系农牧机械专业。先后在青海省农机化管理部门和农业部农机化技术开发推广总站从事农机修理行业管理与技术推广和农机化技术推广工作。1986年1月在青海省农机管理局晋升为工程师，1995年1月在农业部农机化技术开发推广总站晋升为高级工程师，2008年晋升为推广研究员。历任青海省农机局修配科副科长（主持工作）、农业部农机化技术开发推广总站综合计划室副主任、培训部负责人、培训交流处处长、技术推广处处长、宣传信息处处长兼《农机科技推广》杂志主编、推广处处长、总站专家委员会常务副主任等职。先后参与组织编写了《农机化技术推广》，主编了《农机化适用新技术读本》等专业书籍；主持编导了十余部科普技术录像片在全国农机推广系统发行；先后承担过国家"948"引进开发水稻高速插秧机项目组组长，国家丰收计划"旱作蓄水保墒机械化技术""水稻收获,稻秆还田及稻米精加工机械化技术"项目组组长；农业部基建投资项目"马铃薯生产全程机械化"技术推广示范项目首席专家等。他负责创办并担任主编（8年）的《农机科技推广》杂志以突出技术权威性、政策性、导向性强的特色，深受读者欢迎，成为国内同行业中覆盖面广，影响力大的强势媒体。他多次荣获单位的先进工作者、优秀工会干部和部司系统优秀共产党员等称号。在青海工作期间曾获先进工作者、全国农机节能技术改造先进个人、全国农机修理工技术等级考核和农机维修点分级审定工作先进个人等表彰，到总站工作后，曾荣获"全国农业科技年活动先进工作者"称号和"全国粮食生产突出贡献农业科技人员"奖。

勤奋敬业　曹建军

　　1971年9月2日，5名当年高中毕业的年轻人迈进了县农机修造厂的大门，有幸成为工人（当年，百分之九十以上的高中毕业生都要去农村插队落户当农民，能当上工人是一件很光荣的事）。随着岁月的流逝和时代的变迁，其中的4人先后都转向了其他行业，而17岁的曹建军未曾料到，从此他便与"农机"二字结下了一生的不解之缘。无论是从县农机修造厂的工人到跨进大学校门学习农牧机械，还是从大学毕业进入政府机关从事农机管理和技术推广工作，又或是从青海到北京，从省级农机管理部门到农业部农机化技术开发推广总站，一次次的环境改变，身份改变，但对曹建军来说，工作的大方向始终没变，43年的工作生涯也一直没离开过"农机"二字。他从干农机到爱农机，心系农机化事业，不管在哪里、干什么，他抱定的信念是诚信做人、认真做事、虚心学习、勤奋敬业。他相信只要有一颗为祖国农机化事业奉献一生的红心，无论拧在哪里，都会成为一颗

2008年国庆节，和夫人在天安门广场

不会生锈的螺丝钉。

他的父亲曾是一位1936年入党的老党员，半生戎马，后转业到地方工作，一生信念坚定，性格耿直，虽在"文革"中备受迫害，却始终坚定地相信党，相信毛主席，十一届三中全会后终获彻底平反。这位老革命的父亲无论在逆境还是顺境，都不忘教育子女要忠于党，不论干什么工作，要干一行爱一行。曹建军少儿时期跟随父母在部队大院生活，耳濡目染的都是"解放军""当兵""保家卫国"等字眼，因此在他幼小的心灵中埋下了长大要当兵的种子。初中毕业刚满15岁的他便独自跑去找县武装部长兼政委，求这位每年过节都会来家里给父亲拜年的叔叔让他去当兵，哪知这位部长搬出年龄不够、独子不招等种种规定，任凭曹建军苦苦哀求，就是不肯答应。无奈之下，他只得回去接着上高中。高中毕业又恰逢县农机厂招工，这才有了本文开头的那一幕。虽然当年未能如愿当兵，但当工人也是一件光荣的事。无论何时想起父母的教诲，还是让他感到终身受益。

青海——汗洒农机修理

1976年11月，曹建军大学毕业来到青海省农林厅农机处工作。全处40余人，分为管理、培训、财务、修理和监理5个组，他被分配到修理组。修理组的工作内容包括农机修理管理、县乡村三级维修网点建设和修理修旧技术推广。在组长的带领和老同志的帮助下，曹建军很快进入角色。先后在调研基础上起草制定了《青海省拖拉机修理档案》，参与完成了《青海省拖拉机大修质量验收标准》（试行草案）的制定，《修理档案》和《验收标准》先后下发到全省农机修理行业实施，为全省拖拉机修理提供了统一的规范依据。

为学习外省的先进修理技术，曹建军受命带领省内农机修理行业技术骨干赴京津冀等地学习观摩热喷涂修复、胶粘修理、燃油泵标准传递、低温镀铁、铸铁冷焊、震动堆焊、拖拉机不拆卸检查仪、东-54/75拖拉机中央传动调整新工艺等农机修理新技术，并组织引进了相关设备，通过培训班、现场会等多种形式在省内积极推广应用。为扩大推广效果，他受命参加了和省供销合作社共同筹办的"青海省农机修理新技术新工艺展览"的设计和筹备工作，为了扩大宣传效果，他汇编了展览技术资料广为散发。展会的成功举办不仅吸引了省内农机修理行业的目光，周边兄弟省份也纷纷前来参观。

为整顿提高全省农机修理质量，他起草制定了《青海省农机修理行业质量检

查工作条例》，积极组织和参加全省农机维修质量行业检查。曹建军和同志们的这些努力，协助全省建立了农机修理制度；组织引进和推广了农机修理修旧的新技术新工艺，提高了修理质量，收到了很好的效果。

青海地处高海拔地区，空气稀薄，大气压强低，平均含氧量只有海平面的70%左右，对拖拉机发动机的性能发挥有明显影响。为了摸清这种影响力，省局立项并组织省农机研究所、青海大学等单位开展了"S195型柴油机在不同海拔高度的性能试验""4125A柴油机改变压缩比试验"。曹建军积极参与组织工作，彼时，他和爱人都年轻力壮，工作忙、出差多，面对幼小的独生女无人照顾的困境，夫妻俩商议后将女儿送回了北京的姥姥家。曹建军作为省局两名参试者之一，赴农村牧区参加了部分试验工作。该项工作提交的试验报告为高海拔的青海地区正确使用和维修当时量大面广的手扶拖拉机和大型拖拉机主力机型东方红-75/54提供了科学依据。他和同事合作的论文《对青海高原拖拉机修后性能恢复问题的探讨》在第三次全国农机修理学术会议上获好评，并入选会议论文集。

1984—1987年，为响应国家推广节能技术的号召，曹建军带队赴四川等地学习农机节能新技术，回来后，在试验基础上，组织引进推广了手扶拖拉机检测调修、节能技术改造、负压节油、惯性增压、限油器、磁化节油等多项维修节能技术。在全省多次现场会和培训班，他积极承担部分讲课任务，在他和同志们的努力下，三年里，他负责的节能技术推广工作年年超额完成国家经委、农业部下达的小拖检测调修节能技术推广项目任务，共检测16 000余台次，超额200%完成任务，累计节油1 500余吨，社会效益达150万元以上；他承担组织的部司和省财经委的重点节能推广项目——"S195型柴油机节能改造技术"三年完成2 000余台次，增加功率1 620千瓦，相当于新增200台小拖，节油600余吨，超额120%完成任务。曹建军也因此获得"全国农机节能技术改造先进个人"表彰。他撰写的《从手拖检测机况看我省修理机能》论文分析了青海省农机修理机能萎缩的原因，提出了加强修理，恢复机能的建议和措施，在农业部农机化局和中国农机学会联合召开的农机检测经验交流暨学术讨论会上获得好评。

20世纪80年代初，机构改革中，青海省农机修造企业的行业管理曾由省机械厅接管，而机械厅的主要精力在几十家直属企业的管理和改革指导上，根本无暇顾及州、县农机修造企业，这项工作基本处于空缺状态。1988年初，省农机局接管农机修造企业的行业管理，恢复组建了修理科，曹建军被任命为副科长（主持工作）。面对全省40余家州、县农机修造企业和近400个乡镇及村级农机修理网点管理混乱、修理设备被转卖、修理质量参差不齐、乱收费及因此而起的纠纷不断等乱象，作为行业管理的主要负责人，曹建军带领全科同志在深入调查的基础上，向部司和省局提交了全省农机修理网点调查报告，先后制定并出台了《青海省农机修造企业行业管理办法》及《修理专用设备管理办法》《青海省农机修理网点等级审定办法》《青海省农机修理工考工定级管理办法》及相应的"实施细则""补充规定""监察办法""年度审验办法""收费标准"等一系列管理和技术法规性文件，并从部司每年积极争取计划内修理修旧专用钢材，用于引导和鼓励各级农机修造企业正常开展农机修理业务的积极性。这些办法和规定的实施逐步改变了乱象，使全省农机修理工作逐步走入正轨，加强了企业质量和设备管理，恢复和增强了修理能力。修理产值由1987年的90万元提升至1989年的230万元，全省农机修理工作取得突破性进展，为全省农业机械化发展提供了积极的保障作用。曹建军本人也因此获得"全国农机修理工技术等级考核和农机维修点分级审定工作先机个人"的通报表彰奖励。

1989—1990年，作为项目主持人，曹建军承担了省财经委下达的"S195型柴油机节能技术试验与推广"等项目，在四县一市组织实施。对20世纪80年代以前出厂的S195型柴油机，在做好基础维修和优化调修的基础上，采用更换节能配件，改善燃烧进程，减少内耗损失，实现了技术改造，成效显著，在青海高原地

2011年9月26日，在项目区和县农机推广站领导及有关人员研究工作

区实现了提高输出功率（平均功率由5.93千瓦提高到7.42千瓦，提升25.03％）、降低油耗（平均耗油由403.5克/千瓦·时降低到306.79克/千瓦·时，下降了23.96％）的目标。该项目的实施，通过举办培训班和大力宣传推广，不仅促进了项目区的维修技术水平，而且提升了农机生产效率，降低了作业成本。项目最终顺利通过省财经委的验收，获得科技成果证书，并获一致好评。

在青海工作14年，曹建军在领导和同事们心中，一直是工作上勇于开拓，生活中乐于助人的人。离别时，领导和同事们都依依不舍，局领导希望他继续努力，在新岗位上做出新成绩，同事们希望他多回"娘家"看看。带着这些真诚的嘱托和情谊，曹建军踏上了新的征程。

部总站——倾心农机推广

1990年底，伴随爱人调回北京工作，曹建军调入农业部农业机械化技术开发推广总站任综合计划室副主任。还是在农机化行业中，从管理到推广，曹建军很快适应了工作内容的变化，毕竟在省里也做过一些技术推广方面的工作。新岗伊始，领导交给他对总站的规章制度进行整理和补充完善工作。他在查阅调研基础上，先后起草了总站工作制度、部室职责分工、技术资料档案管理、职工业务技术培训进修、仪器、设备等固定资产的管理使用等十余项规章制度，促进了总站工作规范化进程。

1991年下半年，他参加了总站组织的"全国首届农机化科技成果及适用农机具展示展销会"的筹备、组织及筹展工作。在山东省农机局和省农机推广站的大力支持下，展会在山东泰安成功举办。接着第二年又参加了总站负责的"92'国际农业新技术博览会"和"全国首届农业博览会"农机展区的组织筹备和筹展工作。他和同事们常常白天根据需要，随时调整设计优化布局，晚上和几个男同事轮流在展场巡夜值班。这些辛苦努力不仅保证了展会的成功举办，也为农机科技成果的快速转化和新机具、新装备的推广应用探索了新路，为农机企业的生产和推广应用之间搭建了桥梁，也为总站其后承担数届农博会农机展区的筹备工作积累了经验、奠定了基础。

为了推进农机推广体系建设，他积极参加农机推广系统的现状调研，参与起草、修改的《县级农机推广机构建设规范》下发全国农机推广系统参照试行，为农机推广系统的中坚力量——县级农机推广机构的技术力量配备和硬件装备条件改善提供了依据。他参与组织国内数名专家教授编写了国内第一部系统阐述农机化推广理论的专著《农机化技术推广》一书，并结合该书的编写，参与筹备和主持了"全国首届农机化技术推广理论研讨班"。该书的公开发行和首届研讨班的举办，对我国的农机推广理论建设起到了积极的促进作用，同时该书亦被正式列为全国农机成人教育的正式教材。

在任培训部负责人和技术培训处处长期间，曹建军不仅组织举办了多期秸秆还田、节本增效、水稻生产机械化等农机化新技术培训班，亲自授课，超额完成了丰收计划培训工程、节本增效工程等部司下达的培训任务，组织编写了50余万字的培训教材，培训省、地及重点县技术骨干900余人次，为我国推广化肥深施、精少量播种、节水灌溉等节本增效机械化技术和推进农机推广理论的研究与农机推广事业的发展培训了一批技术和理论骨干；还主持编导了十余部农机化技术科普录像片在全国农机推广系统发行，其中《水稻收获机械化技术》《夏玉米免耕播种机械化技术》等5部录像片在央视七套农业频道多次播出，《机械化秸秆还田技术》5集电视系列片的VCD光盘被作为农业部的重要宣传培训资料向全国农机系统和重点秸秆禁烧项目区发放。这些举措有力促进了节本增效和适用技术的推广，促进了农业增产增收和技术进步。编导技术科普录像片是个细致活，不仅要求解说词准确，而且要求画面配合到位，为了保证录制解说词和配乐等编辑工作不受白天外界噪声的干扰，他白天逐字逐句推敲和修改脚本、解说词，晚上和同事精心编辑，有时为找不到几秒钟的合适画面要翻看一两个小时的素材，常常从晚上十点多干到凌晨四五点，也正是这段编导工作使本就对工作认真负责的曹建军更加养成了对工作一丝不苟和精益求精的作风。

他主编的《农机化适用技术读本》一书，介绍了农业部重点推广的旱作农业、节水灌溉、中低产田改造、水稻生产、农作物秸秆综合利用、玉米联合收获、设施农业、谷物干燥等12项农机化新技术的主要内容、技术工艺、配套机具设备和相关措施，作为基层各级农机部门用于培训的主要教材和推广工作的技术参考指导，该书的出版发行在业界受到广泛好评，并获中国农机学会优秀科普图书奖。此外，他还代司起草了《节本增效工程技术培训大纲》《1999—2001农机化培训规划及教学大纲》等技术类文件。

新世纪的前10年里，在总站的轮岗竞聘中，曹建军两度就任总站技术推广处处长。作为农机推广系统的专家，曹建军参加了多次国家丰收计划、节本增效工程等项目的组织实施及执行检查和《农机购置补贴目录》《农机推广支持目录》、

"农机化十一五科技攻关项目"、农业部"2010、2011、2012年主推品种和技术"（农机化技术推广部分）、部省跨越计划农机化项目、科技部"科技支撑计划项目"等重点项目的评审工作。

作为项目执行组组长，在申请成功引进国际农业新技术项目中，他组织了国家948引进开发水稻高速插秧机项目的样机选型、谈判和引进，选试点、起草编制试验大纲和项目实施方案以及组织部署试验、开展项目管理、与科研院所合作开发等一系列工作，并与同事和院所技术人员一起深入新样机试验现场开展试验、总结和改进。在后续接任的同事和科研院所的共同努力下，该项目最终顺利完成，并通过了部级验收，为我国研发高速插秧机积累了经验，为推进插秧机的技术进步奠定了基础。

他组织筹办和主持的全国机械化旱作节水技术研讨会及旱作节水机具现场演示会在甘肃兰州成功举办，通过专家技术讲座、经验交流和现场演示，以及组织编辑的《机械化旱作节水技术研讨会论文集》《旱作节水农业生产机具选编》两本书作为重要技术资料在农机系统内发行，以此推进了国内农业机械化旱作节水技术的发展。

作为项目组组长，他在承担起草制定国家"旋耕机作业质量标准"项目过程中，在调研基础上，和协作单位反复讨论并组织实际验证，顺利完成起草和修订，该标准于2002年1月4日由农业部发布，2002年2月1日起正式实施；在承担国家丰收计划"旱作蓄水保墒机械化技术"项目和"水稻收获、稻秆还田及稻米加工机械化技术"项目的组织实施中，他严格把关落实项目县的实施方案，包括技术路线、机具配备、实施步骤、配套资金和项目管理等环节，逐项落实，并深入项目区检查指导，为项目的顺利实施奠定了基础。这些项目先后都通过了部级验收，后者还被评为全国农牧渔业丰收奖三等奖。

曹建军秉承的信念是认真做人、踏实做事。作为推广处处长，他担任了《农业部"十五"重点推广50项技术》一书的编委和其中农机化技术部分的编写工作；组织编写了《"十五"农机化十大技术与机具选编》和《旱作节水机具选编》等书；先后参加了《中国农机化重点推广技术》《农机化技术推广人员读本》等书籍的编写工作；先后为部司起草和参与编写过《小麦播种及化肥深施机械化技术指导意见》《保护性耕作技术指导意见》《机械化深松技术指导意见》《水稻收获机械化及秸秆还田机械化技术指导意见》《玉米联合收获及秸秆还田机械化技术指导意见》《重要农时农机化技术指导手册》等技术文件。他还先后为部司局组织编写、张桃林副部长主编的《中国农业机械化发展重大问题研究》一书撰写了《我国农业机械化技术推广问题研究》一章；为《1949—2008中国农机化科技发展报告》和《中国农机化科技发展报告（2009—2010年）》撰写了"农机推广"部分；为部司起草了《保护性耕作技术要点》《三夏农机化技术要点》《三秋农机化技术要点》等重要技术文件。先后协助农机化司组织举办了数次水稻生产机械化育插秧技术培训班、春耕、三夏、三秋农机化技术培训班；组织全国保护性耕作专家组和水稻生产机械化专家组编写了《保护性耕作技术模式汇编》和《水稻育插秧技术模式汇编》等专业技术资料。

在新中国成立60周年之际，他受命组织了农机推广系统的推广功勋人物评选，凭借几十年从事农机推广工作的经历，从沉淀的历史记忆中挖掘推荐出一批为中国农机推广事业奉献青春和汗水、做出过杰出贡献的功勋者。他精心策划，组织编辑了《庆祝新中国成立60周年——中国农机推广回眸》一书，记录了新中国农机推广事业发展的脚步和闪光的历程，受到业内一致好评。

"十二五"是我国全面建设小康社会的关键时期，为了实现科学发展，领导把起草全国农机推广"十二五"规划的任务交给了曹建军。在此之前，农机推广系统尚未做过全系统的五年规划。他在分析调研基础上，根据《全国农业

2012年5月17日，和内蒙古自治区武川县农机局及推广战领导在项目基地

和农村经济发展第十二个五年规划》和《全国农业机械化发展第十二个五年规划（2011—2015年)》提出的总体目标，起草撰写了《"十二五"农机化技术推广发展规划》，并在反复征求意见的基础上，最终修改完成。规划围绕部司提出的"十二五"末我国主要农作物耕种收综合机械化水平总目标，在总结"十一五"推广成效的基础上，提出了"十二五"期间农机推广工作的指导思想、基本原则和主要目标及保障措施。对主要粮食作物、主要经济作物、畜牧水产养殖的主要和关键环节的机械化技术示范推广以及保护资源、综合利用的机械化技术示范推广都提出了切实可行的明确目标。这个规划不仅为部司提出的全国农业机械化"十二五"总目标提供了技术保障，也为各省制定推广"十二五"规划和计划提供了参考依据。

2001年9月，总站创办了《农机科技推广》杂志，曹建军受命担任主编。他带领的四人团队在没有任何办刊经验的情况下，虚心学习，从零起步，从杂志的栏目设置、风格确定、读者定位、组稿、发行、广告等诸多环节逐一熟悉，逐一落实。该杂志很快以突出技术权威性，政策性、导向性强的特色受到业界欢迎，其颇具特色的一些栏目诸如"名家视野""本刊特稿""要闻综述""专家论坛""体系建设""推广天地""今日农垦""科研动态""他山之石""企业写真"等都深受读者喜爱。创刊仅两年多就从双月刊转为月刊。担任主编8年，曹建军不仅每期结合中央的农业政策和部司工作重点、农时与农机推广工作重点写一篇卷首的"主编漫谈"和一些重要报道，而且始终坚持以保证高质量为最高目标，无论政策性文章还是技术性文稿都从严把关，对错别字甚至标点符号类的小错都从不放过。为了把错误率降到最低，从一开始他就把通常的三审三校定为七审七校，甚至每期杂志的最后排版他都要从头盯到尾，亲自从板式、插图、标题、文字、广告内容乃至字号、字体等全方位审看，哪怕发现任何一处小瑕疵，都要求认真修改。从外行到入门，他几乎倾注了全部心血，天天加班成了常态，双休日也基本只休半天。下班后，他经常是最后一个离开办公室，晚上七八点到家吃口饭，接着继续审稿改稿，通常最早也要干到晚上11点。有时工作量多一些，为了防止困意来袭，他就冲杯浓咖啡。即便这样，他也时常累到举着空咖啡杯坐在桌前睡着。曹建军对工作高标准严要求，对同事也处处关心，他和团队始终在团结紧张、和谐友爱的氛围中工作。在他和同事的共同努力下，《农机科技推广》很快成为国内同行业中覆盖面广、影响力大的强势媒体。

2003年，为纪念改革开放25周年，他组织编辑了《改革发展中的中国农机化技术推广事业》一书。同年因宣传推广农机化新技术工作成绩突出，受到农业部全国农业科技年先进工作者表彰奖励。

2006年，为加强农机推广体系建设，树立和塑造中国农机推广系统的整体形象，促进全系统规范化、标准化建设，他受命组织了《中国农机推广》Logo标识的方案征集和评选活动，并在最终总站确定的基础上，起草编写了《中国农机推广系统标识规范使用手册（VI系统)》，该标识及使用手册下发全系统后，行业内迅速掀起了对中国农机推广标识的使用热潮，由此也提振了基层农机推广系统、广大农机推广人员的事业心和自豪感。目前，该标识已得到广泛使用。

这一年，52岁的曹建军还遭遇了他人生最大的一次危机和挑战。在出差辽宁的一次公务活动途中，司机因前方突发状况而紧急刹车，致使此时刚巧因准备更换相机电池而站立在车厢过道中的曹建军猛然向后仰面摔倒，而他的腰部正好摔倒在一个铝合金行李箱的侧边，剧烈的疼痛几乎使他喘不过气来，靠同事们的架扶，他咬牙坚持到了医院。经拍片确诊，曹建军的四节腰椎受伤，其中两节粉碎，一节骨裂，一节压扁。这次突然袭来的伤病到底会造成怎样的后果，高位截瘫？半身瘫痪？他甚至不敢往下想。在沈阳骨科医院经过一系列的检查确诊和专家会诊后，医院方面和曹建军及家属商议决定采用保守治疗。此时，曹建军虽不知道保守治疗需要多长时间，最后会得到什么结果，但为了早日返回工作岗位，他还是表示会全力配合医生的治疗。一个月后，在医生的积极救治和他的全力配合下，他居然能被搀扶着下床挪走几步了，这使他战胜病魔的信心大增。为了减少身心俱疲的妻子的操劳，在征得医院同意的前提下，他决定出院回家调养。为了尽快恢复，老曹开始在家里练习拄双拐自己上厕所，逐渐改用单拐……，他不断地鼓励自己，不断地咬牙坚持。不久，同事带来两封国内大型农机企业的年会通知，领导征询他的意见，看派谁去合适，因为这牵扯到杂志来年全年广告合同的签订。为了他心心念念的工作不被耽误，为了工作不受影响，在摔伤后的第56天，他在同事的搀扶下，腰里绑着宽腰带，拄着拐杖硬是接连参加完两家农机大企业的年会，如愿签回来两份第二年的广告合同。俗话说伤筋动骨一百天。可他觉得都能出差了，还能不上班去？出差回来的第二天，他就绑着腰带，拄着拐杖，自己开车去上班了。领导和同事们都惊讶道："老曹，你行吗？""曹处，您行吗？"老曹微微笑道："行！"一年后，在国家体委医院复查时，医生判定他压缩的腰椎为塑性变形，无法恢复，属九级残废，建议他去游泳，以加强两侧肌肉力量。医生的一席话令老曹茅塞顿开，从此他开始天天坚持游泳，因腰肌无

力，一开始游不了几米就得休息，但老曹从不气馁，也绝不轻言放弃，他坚持从几米到20米、30米、50米、100米，直到3个月后，他能一次坚持游500米。此后他基本常年坚持游泳。

退休前三年，作为首席专家，他承担并组织完成了"马铃薯全程机械化生产技术集成示范基地"项目的实施。不久，他从处长岗位退了下来，担任了总站专家委员会常务副主任。为了保证国家对该项目的540万元投资能长期发挥有效的示范带动作用，他多次深入项目区调研，与自治区和两个项目县的农机推广部门讨论实施方案，对项目实施后如何建立和发挥长效机制、扩大项目的示范带动效应、实现国有资产的保值增值等进行了积极探索，并取得了成效。在部计划司和农机化司组织专家对项目进行的现场检查验收中，专家对项目实施情况及效果一致给予了较高评价，对他作为首席专家对该项目的认真负责态度和廉洁勤奋、积极创新的工作精神表示赞许。

作为总站专项处研究员，他连续几年参加了农机购置补贴项目省级实施方案的审核、农机购置补贴政策落实的督导检查、补贴信息公开的核查、延伸绩效管理的审查等工作；组织编辑了农机购置补贴政策培训教材；完成了2012年度春季、秋季和2013年度春季的督导检查总报告的撰写工作。在实地检查和年终评审中，老曹从来都是不徇私情，严格按照标准核查，发现问题都会及时指出并提出相关建议，令被检查方心服口服。

2012年，为纪念总站成立30周年，曹建军受命主编了记录农业部农机化技术开发推广总站和农机监理总站发展历程的画册《跨越发展30年》，他花费了大量心血，查资料，联系老领导、老同志搜集老照片，精心设计版式布局，构思文字说明，当画册最终完成并呈现在人们面前时，受到了领导和业界的一致称赞。

2016年6月，已退休两年的老曹接到从总站站长岗位退休并转到中国农机化协会任会长的老领导电话，力邀他承担"畜禽粪便无害化处理"的项目调研工作，并要求在11月中旬提交5万字的调研报告。当时老曹和老伴已预定了12月初去南太平洋参加46天的邮轮旅游，经老领导再三力邀，他终于接受了这项任务，并和课题组的另一位专家立即着手研究方案，先后到江苏、山东、北京、天津、浙江、福建、河北、黑龙江、广东等畜禽养殖较大的省份和国内部分相关设备的生产企业、中国农业大学等多部门、多企业调研走访。老曹和另一位专家顶着烈日冒酷暑，从华北到华东、从华南到东北，从大型养殖企业到村里的养殖户、从科研院所到生产装备的企业，一家家走访、一家家实地察看，不断地了解、不断地学习……，经过近5个月的数易其稿和专家论证，这份有现状形势分析、有解决思路建议的调研报告终于完成，老曹最终交上了一份令部司和协会领导满意的答卷。

多年来，通过组织和参加各种推广现场会、培训班和承担各种项目，曹建军对国家的推广政策、农业部的推广工作重点、各省农机化技术推广工作的情况和特点都比较熟悉和了解，工作中既能主持和组织国家级推广项目的实施，也能指导面上的推广工作，同时也具备组织培训、教材编写、声像编导等实际工作能力。而他也确确实实秉承自己的执念，踏实而勤奋地为祖国的农机化技术推广事业做出了自己的贡献。有人说，如果按每周5个工作日，每天8小时工作时间计算，曹建军在后20年的工作时间里加班时间至少在10年以上。而老曹本人却认为不干则已，要干就要脚踏实地认真负责地干好组织交给自己的每项工作，并力争精益求精，这样才能报答党和人民对自己的培养，也正是在这种理念的激励下，40余年来，无论在青海还是在北京，曹建军始终以勤恳、勤奋的工作精神得到行业内和周围同事们的赞誉。

人物卷 Ⅱ

十四
董涵英

　　董涵英，1955年2月生。1982年7月毕业于北京农业机械化学院（现为中国农业大学东校区）农业机械化系拖拉机设计制造专业，工科学士学位。毕业后被分配到农牧渔业部（现为农业农村部）农业机械化管理司工作，先后任办公室副主任、调研处处长等职。1995年2月调任中央纪委、监察部驻农业部纪检组监察局工作，先后任综合室主任、副局长，驻部纪检组副组长、驻部监察局局长等职。2015—2017年参加十八届中央巡视工作，先后任第四、第七、第十四、第十五巡视组副组长。2017年8月退休。

　　在农业部农机化司工作期间，主要从事农机化管理与发展调研工作。多次主笔起草全国农业机械化工作会议主要文件、领导讲话，起草农机管理工作报告、调研报告、情况反映、简报等。在农机报刊上发表农机理论研究等文章200余篇。参加农机化问题研究、农机管理立法研究、农机更新研究等课题，获二等奖一次，三等奖一次。多次参与编写农机管理工作相关书籍。研究农业机械化问题涉猎广泛，比较深入，有独到见解和系统认识，在农机化研究领域有较大影响力。到纪检监察机关工作后，一直关心农业机械化事业发展，多次起草重要文章，特别是在农机购置补贴政策落实过程中，在农机系统深入进行调查研究，开展廉洁警示教育，产生了广泛影响。

农机人生三部曲　董涵英

那年高考我差点落榜

那年，指1977年。差点落榜是说险些没被录取，由于运气好，绝处逢生。个中缘由，听我慢慢道来。

1977年，是一个特殊的年份。"文革"十年终于结束，国家事业百废待兴。当时主政的邓小平同志做出了一个果断的决定，恢复已经中断了11年的高考。后来的历史证明，这项举措不仅为570万考生、27万多被录取的大学生提供了改变命运的机会，更为重要的是，这个英明的决策，开启了崇尚科学、重视人才的新风尚，给后来共和国改革开放和飞跃式发展提供了强大的源源不断的人才支持。

那年，我22岁，是家乡河北省邢台市第二商业局的一名工作人员。再往前推5年，我高中毕业后不久，经分配来到蔬菜批发站下属的一个蔬菜仓库做保管员。这份工作说不上有多好，也不算太差。仓库里主要是冬天储存大白菜、土豆、白萝卜等，春夏基本没事，活儿不多，也不累，有大把的时间读书看报，这对喜欢读书的我很合适。这种日子没过多久，上级单位发现我有点文字功底，先是把我调进蔬菜公司，后又调到商业局，成为正儿八经的机关工作人员，相当于现在的公务员。正是在这种事业成长、舒适轻松的工作环境中，我听到了恢复高考的消息。

刚听到这个消息的时候，我的潜意识里感觉到自己的机会来了，沉睡已久的大学梦又跃跃欲试起来。是啊，高考中断了11年，有多少像我一样热爱学习的人苦苦等了11年、盼望了11年，望着大学不得其门而入啊！恢复高考的信息虽然发布于秋季，但学子们却如沐春风。说实在的，当时我虽然已经有了舒适的工作，但一直向往高等学府。我的父亲在行署工作，眼界自然开阔，他对我说，不管你今后走到哪里，学习更多的知识都是最重要的。眼下就有一个最好的机会，你一定要抓住。父亲的鼓励和支持，让我坚定了报考的信心。

从上小学开始，我的学科成绩就一路全优，一直到高中毕业。记得高中毕业

那年，参加省里的乒乓球比赛，因集中训练参加比赛，耽误了两个月的学习时间，错过了期末考试。比赛结束回到学校，学校要求补考。我记得我的班主任老师还特地跑到教导处，告诉他们，这个学生一贯学习优秀，没有必要补考。当然，不参加补考没有成绩，就没办法毕业，最终我还是参加了补考。不出意料，全科优秀。这种经历使我充满自信，我不怕考试，就怕不考试。

后来发生的事说明，山外青山楼外楼，盲目自信说明你还不够优秀。

话说回来。新闻媒体公开报道恢复高考信息的时间是10月21日，教育部要求各地必须在12月25日前结束全部工作，满打满算两个月，而留给考生的也就是一个月多一点的复习时间。当然，这还不是最主要的，关键在于手头完全没有复习材料。现在的考生头疼的是五花八门的补习班，无休无止的练习题，一模、二模成系统的摸底和实战演练。那年，我们仅有的复习材料只是薄薄的旧课本。复习的方向、重点、内容对不对，对知识点到底掌握到何种程度，一概不知。当时，很多考生就是在这种瞎子摸象式的复习中直接走进了考场。

说真的，到现在为止，我都不知道我所在的河北省（那年是分省出考卷，考试时间由各省自行安排，河北省是12月15—16日）考生成绩大致上是怎样分布的，我只知道自己的考试成绩大大低于预期。政治、语文、数学、理化四门加总再平均，刚刚超过及格线，大概是64分多，我记不太清了（可见当时有多马虎）。但这个可怜的成绩仍然超过了录取线，也就是说，考试尘埃落定，跨进大学校门有望。

问题出在报志愿上。那年的高考程序是先报志愿后考试，与现在大多数地方的做法不同。也就是说，由考生根据自己预期的考试成绩来填报志愿，可以说这完全是盲报，因为考前你完全不知道自己的考试结果，更不知道别人会考得怎么样。盲报考验的既是考生对自己的预估力。当然，对于平时学习成绩比较好的那些人，往往自视过高，报冒了应属正常，而我就是这个自我感觉超过自身学力的家伙。考试成绩平均60多分，而第一志愿竟然报的是北京大学，这也太离谱了！

以后的日子开始变得有些漫长，时光变得很慢，在希望中等待。由于知晓了考试成绩与所报第一志愿差距过大，也不了解录取这个环节究竟如何运作，比如第一志愿没有录取，如何将该考生投向第二志愿？如果所有的志愿都没有录取，"服从分配"怎么体现？心里不免忐忑起来。这种忐忑一直持续到听闻有的考生已经陆续收到了录取通知书，持续到不再有录取通知书的消息。记得那段时间跑得最多的地方就是单位的收发室，上午去、下午也去。抱着希望过去，怀着失望回来。就这样跑了十来天，我还是没有收到来自志愿栏里填写的任何一家学校寄来的录取通知书。看来，真的是名落孙山了。当时我的心凉透了，心里有无限的落寞和惆怅。

转机出现在几天后。那天早上，我照例收听中央人民广播电台的《新闻和报纸摘要》节目，无意之间，听到了一个让人重燃希望的好消息。消息说，恢复高考制度后第一次高考，考生数量很多，考试成绩优良的也很多，为使更多优秀人才进入大学学习，中央决定从实际出发，适当扩大招生名额。我当即分析了一下自己的情况，考试成绩超过录取线没有被录取，看来差得不是太多，这一次，可能被扩招进去。

当然，等待仍然很煎熬，直到那个下午。当时，我正准备出发去一个招待所参加会议。出发前照例到收发室去看一下，这一次，我看到了天边的彩霞。有一封来自华北农业机械化学院寄给我的信函，打开一看，正是盼望已久的录取通知书！当时，根本就没有来得及细看，只觉得头脑有点儿晕眩。然后迅速揣起那个牛皮纸信封，骑上自行车，出门开会去了。现在回想起来，去往招待所一路上的细节早就飘到云天之外了，但那一天的心境至今还是那么清晰，用杜甫的《闻官军收河南河北》中的诗句最为贴切："即从巴峡穿巫峡，便下襄阳向洛阳。"那天还闹了一个笑话，会议结束后，我是一路小跑着回家的。到家后母亲问我，你怎么没有骑车回来？我一拍脑袋，这才记起自行车还停在招待所的停车棚里。

就这样，我从工作岗位走进了高校的大门。也许有人会问，华北农业机械化学院在哪里啊？我怎么没听说过这个学校？这正是我要讲的故事的结尾。华北农业机械化学院的前身是北京农业机械化学院，而北京农业机械化学院有过一段复杂的演变经历。简单说来就是这所大学成立于1952年，"文革"期间整体搬迁到了重庆北碚，1973年再次搬迁到河北邢台市，更名为华北农业机械化学院。1977年恢复高考，这所大学也进行了招生。刚才我说收到这所大学的录取通知书，没有细讲。实际上录取通知书里标明，我被这所学校是以走读生的名义录取的。所谓走读生，就是除了不住校以外，其他的与在校生同等待遇。

我的幸运应该在于，扩大招生名额一般以走读生形式录取，而走读生的家必须在学校附近。邢台当时是一个不入流的小城市，唯一的一所高校还是原来身份高贵、临时客居的北京农业机械化学院。我记得当年这所学校扩招了4名学生，

我是其中之一。说是走读，其实没走几天。校方认为，走读生天天往返于学校和家之间，太辛苦了，也不好管理。于是把我们几个分别插入到不同的学生宿舍，走读生的身份也就自然消失了。

1978年年底，华北农业机械化学院开始回迁北京。第二年5月，正式恢复北京农业机械化学院的名称。毕业后，我被分配到当时的农牧渔业部农业机械化管理局工作，成为名副其实的首都公民。

与宋树友、郭建辉同志在调研途中

我在农机部门工作的日子
——事业的书写方式

淮河边上的一次调研

知道南方的冬天冷，不知道会这么冷。屋里屋外羽绒服都是不敢脱的，尤其怕晚上，钻进被窝里，湿冷冰凉。

1982年年底，这年夏天，我从北京农业机械化学院（现在为中国农业大学东校区）毕业，被分配到农牧渔业部农业机械化管理局（现在为农业农村部农业机械化管理司）工作。新人入职部机关工作，说起来高大上，其实每天都是抄抄写写，枯燥而乏味。好不容易第一次出差搞调研，却赶上了去安徽怀远县，正是最冷的季节，那份冷至今刻骨铭心。

这次调研的内容是私营农业机械发展现状。当时全国农业机械化的形势，有点儿像眼下的天气，正处在冰冷期，"包产到户，农机无路"的议论纷纷攘攘。对于一个职场新人来说，调研的任务也许没那么重，但是从调研的背景看，意义是不容忽视的。当时，农村实行联产承包责任制，农业机械化发展遇到了空前的困难。农村由于实行包产到户，土地田块拆分变得相当零碎，原来由集体经营管理的农业机械作业一时难以适应，处理这些机械的做法也是五花八门，有封存的、有租给农户的、有大卸八块把部件分给一家一户的。在这些做法中，有一种比较大胆，就是直接把农机卖给农户。还有的农民直接从农机经销公司买来新的拖拉机（当时主要是手扶拖拉机），进行自主经营。安徽省怀远县就是最早默许农民购买农业机械的地方之一，所以私营自有农机数量很多，被称为全国第一个自有拖拉机超万台的县。当时所谓的"民办机械化""民营机械化""农民自主办机械化"等不同叫法，实际上指的都是同一件事。然而，尽管有自有农机数量快速增加的事实，但从理论上或者从意识形态上是不合法的，所有的官方文件都没有允许农民个人购买农机。能不能、应该不应该把既成的事实合法化，给自有农机一个说法，是关系到农业机械化能否健康发展的关键，这也正是这次调研的直接目的（当然，当时派出了很多这样的调研组）。

这次调研是顺利的。我们所到之处接触到的农民和农机工作者，几乎一边倒地认为，在农村普遍实行联产承包责任制的基础上，应当允许农民自有农机。一是耕者有其田与耕者有其机是相辅相成的，农民有了生产经营的自主权，也就理所当然地应该有使用经营农机的自主权，人与地的结合，必然带来人与机的结合；二是农机具有劳动工具的属性，在所有权关系上不应当受到阻碍，必须解放思想，打破私人不准拥有农业机械的藩篱；三是要尊重和调动农民购买农机的热情，这是我国农业机械化发展的新动力和新方向，是一次具有长远意义的重大变革。当然，调研中也发现，一下子放开农民购买农机的限制，确实出现了盲目性的苗头，农民机手的技术素质参差不齐，有的未经培训就上路行驶，导致农机事故增加。但与主旨相比，农机自有化是一个不可阻挡的潮流。我们在调研报告中分析了利弊得失，提出了使自有农机合法化的建议。

值得庆幸的是，1983年的中央一号文件，正式明确了：允许农民个人购买小

型农业机械；对大中型农业机械，现阶段原则上也不必禁止。当然，这个结果是很多农机人和农业工作者认真调研、共同推动的结果，能为此贡献微薄之力，我是很高兴的。

歪打正着的一次意外

这是我在农机化司工作了13年最有成就感的一件事。

1985年，《北京日报》理论版开辟了一个栏目，叫作《社会生活与社会科学征题征答》，读者就社会关心的热点难点问题提问，由有关的内行专家们负责解答。碰巧的是，5月的一天，我赶上一个涉及农机化发展的问题，内容是："如何看待在农村实行承包责任制后某些地区出现机械化程度下降的现象？"看到这个题目，我心中暗喜，这不就是专门为我设计的吗？于是，立即就有关情况、整理思路、起草提纲、书写成文，一气呵成，第二天就从邮局寄往北京日报社。然后就非常自信地等着见报了。

如果这件事放在今天，放在别人身上，我一定会认为，我是一只标准的菜鸟，不谙世事，不解常情。你以为你是谁啊？就凭你那三脚猫的功夫，敢在《北京日报》理论版上发表文章？后来发生的事实证明，我的确是一只菜鸟，但是是一只幸运的菜鸟。稿件发出后大约3天，我接到了《北京日报》一名编辑的电话，电话称稿件他们收到了，写得不错，如果发表的话有几处需要再斟酌一下，如果有时间能不能到报社面谈？当然有时间啦，现在立刻马上到！

接待我的是一位年轻漂亮的女编辑。她与我讨论了文章的几个修改点，当然都不是原则性问题。紧要的是，讨论完稿件修改以后，她告诉我，我们这个专栏的问题不是随便哪个人就能作答的，作答的一般都是由我们事先联系有关方面的专家内行，这样才能保证答题的质量。像你这样自己投稿过来，一般是很难发表的。后来，她告诉了我本题邀请专家的名字。好家伙！果然是农机界的大佬。不过她说了一句话，让我十分欣喜宽慰："我们看了你的稿子，比较了一下，认为你的稿子更好。"当时我的脑子一阵晕眩，早知道这样，打死我也不投这篇稿子啊。

1995年5月27日，《北京日报》第二版登载了我的征答。其后，农机界的权威报纸《中国农机化报》予以转载。

与《农机化促进法》的一点牵连

在农机部门工作的同志都知道，进入21世纪后，我国农业机械化发展出现了一个长达十多年的黄金期，而启动黄金期的主要因素是发生了两件大事：一是2004年11月1日开始施行《中华人民共和国农业机械化促进法》；二是与此同时，国家开始实行农机购置补贴政策。特别是《农业机械化促进法》的制定施行，起到了关键性的作用。

当然，我早在1995年就调离了农机化司，应该与这两件大事没有直接关系。但是，在2014年为纪念农机化促进法颁行10周年，热心的农机化司领导一定要我写点什么，他们的意思是，为这部法律的制定，你是做出了贡献的，既是知情人、也是参与者。盛情难却，只好在故纸堆里找材料。

早在20世纪80年代中期，农机化司就萌生了制定农机管理工作法规的想法，并向南京农业机械化研究所下达了"农业机械管理条例立法研究"课题，我是这个课题组成员之一，属于"打酱油"的。当时的立法思路不是特别清晰，方向也有偏差，说明白话就是意图通过农机管理立法，实现农机管理机构、职能、体制机制等的法律化，通俗说就是有法可依，重点解决部门分工上的交叉和扯皮问题。按照这样的主旨，课题组进行了大量的调查研究，这其中有过立法思路的碰撞和讨论，一拖就是好多年。1993年1月9日，时任农机化司司长宋树友在全国农机管理工作会议上的讲话中就提到，力争在年内把比较成熟的农机管理工作的根本性法规的初稿拿出来。1994年，我牵头的《农业机械化问题研究》课题报告中也有类似的表述，改变农机管理工作无法可依的局面的焦灼心情跃然纸上。这一年，我撰写了一篇长文《中国农业机械化的经验教训及国外的经验》，其中比较系统地表明了对农机立法的思路："不少国家在发展农业机械化过程中，对农业机械制定了规范，有的上升到法律。这些规范主要包括国家鼓励农业机械化发展的方向和重点，农业机械安全设计、鉴定和推荐，安全使用……特别是国家在制定的阶段性政策中，把资金和技术支持作为重要内容。"这种表述，与后来颁行的农机化促进法的主体内容有比较高的契合度，也佐证了20世纪90年代中期农机化立法在指导思想上正在从强调管理体制设计向强调国家政策和技术支持的转变。

2004年，《农业机械化促进法》水到渠成、瓜熟蒂落，农机人欢欣鼓舞。可以说，这部法律的诞生，凝聚了太多人的劳动和心血，我把它概括为：这是一个条件趋于成熟、认识逐渐深化、经验不断积累的过程。其实还应该是在工作中不断争论、磨合和妥协的过程，其中的艰辛，经历者心知肚明，我只是对这项工作有些许参与，当然讲不出精彩的细节。

异国气息的一组文学报道

1989年6—7月，我有幸参加了由宋树友司长带队的农机化技术综合考察团，赴德国、意大利进行了为期20多天的考察。这次考察，源起于希腊的一个船王拉齐斯先生。这一年的春季，拉齐斯先生向中国捐款1 000万美元，用以帮助中国农民发展农业机械化，但他设定的前提条件是，必须购买先进的农业机械。哪里的农机先进？当然是外国的啦！农机化司对如何使用这笔捐款作了研究，决定重点向两个县投放，既实现拉齐斯先生的愿望，也为我国农业现代化做个样板。于是就有了这次考察。

这是我第一次走出国门。说实在的，考察让我大开眼界、极其震撼，而这种震撼又是全方位的。特别是在德国，其农机发达的程度超出了想象。在考察中，我第一次看到了先进的联合收割机生产线，从下料开始到整机下线整个生产装配过程，全部零部件都是不落地的；第一次看到了农田规模达到4 000多亩，全程实现机械化的家庭农场，农场主雇用5名工人，自己每天工作12小时以上；第一次知道外国也是有农机社会化服务组织的，在德国叫作"农机环"，这个组织的Logo（标志）是齿轮加麦穗，性质是民办公助，工作内容是组织协调区域农机作业，社会效果是降低全国农机投入50%；第一次知道德国的农机鉴定不是强制性的，他们以技术上的权威地位，吸引企业自发地送检自己生产的农业机械，定期向社会公布技术报告，获得企业的尊重和信任；第一次知道德国的高速公路是不限速的，奔驰宝马、哈雷摩托可以风驰电掣。在意大利乘火车就像我们坐公共汽车那样方便，不用提前买票（提前买也可以），赶上哪趟坐哪趟，而且火车的速度远远超过我们（那时，我国还没有高铁）。

这么多的第一次，让我兴奋、让我感慨、让我深切地感受到改革开放对我们国家是多么重要。我在纪行笔记中这样写道：在考察期间，我们接触了很多厂家，很多洋人。他们与我们在兴趣爱好、生活习惯、行事风格乃至世界观上有很多不同。但这并不妨碍人与人之间感情的交流，特别是不影响在技术上、经济上的合作与交流。德国和意大利有不少农机商到过中国，对中国怀有友好的感情。他们崇拜中国的历史和文化，希望扩大合作规模，帮助中国实现现代化。这种愿望是真诚的。

考察结束后，我撰写了文学性系列报道《异邦纪行》，分七期发表在《中国农机化报》上，它就像一扇窗，透过它让我们看到了外国农机的影像。更重要的是，这次出国考察，在我的心中也打开了一扇窗，从那时起，对中外农业机械化问题的比较和借鉴开始有了更加宽广的视角。

系统宣传的一份文件

1991年夏季，农业部农机化司在大连召开了全国农机化宣传工作会议。在我的记忆中，农机主管部门专门以宣传工作为主要内容召开全国性的会议，这是唯一的一次。这次会议不能说很重要，但是确实很特别。说它特别，是因为会议除了惯常的领导讲话之外，还通过了一份不寻常的文件——《农业机械化宣传提纲》，而由我撰写的宣传提纲作为文件印发，表明从官方的角度，对农业机械化发展的一系列问题的表述，有了标准语言。

宣传提纲的诞生，有着深厚的背景。背景的底色是在改革开放大潮中挣扎、困顿、求索、奋进的农机化事业的变迁，是农机人对农业机械化事业的深入透彻的思考与高瞻远瞩的展望。这其中，也包含自己辛勤劳动的成果。我从1982年夏季进入农机化司工作以来，先是在办公室，然后是在新成立的调研处工作，主要工作内容就是调查研究、编印简报、为司领导出谋划策、撰写会议材料、应对新闻宣传单位、代笔起草以领导名义发表的文章。当然，工作性质使然，近水楼台，平时对农机化问题的研究也就多一些。粗略统计，由我执笔起草在不同报刊上发表的文章起码在百篇以上。久而久之我就形成了对农业机械化问题比较系统和成熟的思考。

宣传提纲作为农机化工作带有纲领性质的文件，充分肯定了农业的根本出路在于机械化论断的科学性；从内涵和外延两个方面阐述了农业发展向农业机械化提出的迫切要求；明确农业机械化工作必须坚持因地制宜、分类指导、多种形式、重点突破、以效益为中心的指导方针；分析了农业机械化发展所面临的困难和问题，提出了加强农机化管理、创建良好发展环境、优化体制机制的措施和政策建议。

当时代的车轮滚滚向前30多年后，再来看这份宣传提纲，仍不失其积极意义，这是我心头最大的宽慰。

跨部门后的一次道别

1995年2月，我的工作发生变动，离开农机化司，来到驻部纪检组监察局。

工作变了，缘分未变。当时《中国农机化报》正在举办辉煌十五年"兴化

杯"有奖征文活动，报社的总编出面邀请我写一篇应征文章。

我在农机部门工作的时候，《中国农机化报》邀请撰文我是有求必应的。说心里话，我与该报打交道那么多年，与报社的领导都是好朋友，我对这张报纸心怀感激。有一个小故事在我的心头萦绕了很多年。有一次出差调研，一个县的农机部门反映，他们的农机培训学校被公安部门"借去"当作拘押疑犯的场所，几次要求归还都没有如愿。我把这个信息带到北京，写了一篇豆腐块短文——《如此借用》，刊登在《中国农机化报》上。出乎意料，过了没几天，那个县里就传来消息，说是农机培训学校已经归还给他们了。由此，我认识到了报纸舆论的影响力，对报纸产生了强烈的好感。

我与《中国农机化报》交上了朋友，工作中的心得体会，对农机化问题的某些见解，甚至是有感而发的只言片语，都愿意写给报社。在农机部门工作的十几年间，我的写作热情始终被这位朋友激励着而经久不衰。当然，《中国农机化报》给予我的不仅仅是成就感，更多的是它给了我切实的帮助。报纸的记者编辑都是专业的文字匠，刀笔自然精锐，而习惯于撰写工作报告的我，文字不免拖沓。无论是约稿还是投稿，经过他们的删繁就简、画龙点睛，纯度陡然提升。久而久之，不客气地说，我的文笔也渐渐地老辣起来。

我与报纸的朋友之交，还有更多的收获。通过报纸，我结识了农机界许多知名和不知名的朋友。但凡出差，通报"山门"后，不少同行就会说出"久仰大名"的客套话。一次到某地出差，递上名片，接待人一脸狐疑：你就是董××啊？我过去还以为是一个上年纪的女同志呢！这实在是抬举我。不过，我确也听到过一位在基层挂职的同事告诉我，当地一位事业心极强的老农机，在报纸上看到我的文章，定要剪贴。听了之后，我极为感动，再撰写文章也就格外仔细，生怕辜负了农机同仁们的厚爱。

此时，我虽然离开了农机部门，我写下了《是朋友，就不说再见》，作为征文，也作为道别。不出意料，本文获一等奖。

掏心掏肺的一系列讲座

如实说来，这一段经历不是在农机部门工作的日子，但是与农机工作有密切的联系。这是在农机购置补贴政策实施之后。

前面已经说到，2004年开始施行《中国农业机械化促进法》，也是从这一年开始，中央财政实行农机购置补贴政策。这一年财政补贴的额度并不大，只有

7 000万元，实施的范围也仅限于66个县级区域。然而，这之后的几年，补贴额度逐年大幅度增长，2012年就达到了130亿元，全国全面覆盖。中央财政的补贴，就像给农民、给农机市场注射一针强心剂，农民购买农机的积极性持续高涨，农机制造业也出现了蓬勃发展的势头。

然而，凡事有利就一定有弊。长期以来，农机部门大多数时间是坐冷板凳的，如今有了补贴，一时间风头骤起；坐冷板凳一般是吃冷饭的，有了补贴，热汤热饭很是熨帖。据说，在一些地方，农机部门成了一些人趋之若鹜的衙门。我们说，权力是滋生腐败的土壤和条件。特别是长期清冷的部门，一旦手里有了可支配、可分配的白花花的银子，心态很可能发生极大的变化，出问题的可能性也就倏忽间变大起来。

事实证明，缺乏约束的权力必然产生腐败是一个铁律。在实行农机购置补贴政策后，农机部门特别是在基层，五花八门的违纪甚至违法案件频繁发生。小的有吃拿卡要、优亲厚友、弄虚作假、徇私舞弊，严重的有收受贿赂、贪赃枉法、官商勾结、套取资金，不一而足。据粗略统计，在补贴政策的实施过程中，有数以千计的农机工作人员和农机经销人员受到了党政纪处分乃至刑事处罚，教训很多，也很沉痛。

出于对农机事业的情结，也是工作的需要，我对农机购置补贴政策特别是在政策实施中如何更有效地防治腐败现象进行了较为系统和深入的研究，在农机化司领导的支持下，开始在农机系统的干部培训中作警示教育报告。这些报告，受到农机系统的欢迎。比较一致的评价是，结合实际，深入浅出，准确生动，启示性强。比如，我在研究补贴腐败案例中发现，这些案例呈多发态势，但就具体案情说来，很多个案涉案金额并不大，一般是几十万元，大量的是几万元。因为几万元受到刑事处罚，让人感觉非常惋惜。用经济学的价值观解释，按照我国的法律规定，涉案金额在十万元以内，是罚罪比最大的区间（这是一个虚拟的概念，即刑期与犯罪金额之比），也就是说贪污受贿等职务犯罪，如果涉案金额10万元，与涉案金额100万元，在刑期上没有太大差别。我在报告中多次讲这个观点，是希望大家不要因小失大，不要见利忘义，不要存在侥幸心理，不要一失足成千古恨。这样分析问题，这样讲道理，很多听者觉得耳目一新，很受启发。

反腐败理论中，有一个"腐败黑数"的概念。意思是说，我们只知道被查处、被追究的腐败案件和腐败分子的数量，而不知道实际中存在而未被追究的腐败案件数量，这是一个X，一个黑数。实际上，反腐败工作中，也应该存在着一

个红数，含义是通过反腐败的一系列工作，比如教育、警示、震慑，而防止了多少腐败案件的发生。这也是一个 X，是正向的，是红颜色的。我所要做的，就是增大红数。通过几年的工作，农机系统腐败现象有明显减少，红数应该是增大的。可惜的是，我们不知道它究竟是多大。

纪念农机改革开放40年的一篇文章

有人说，人生中第一份工作就像初恋，不管你是从一而终，还是移情别恋，你都忘不了她（他）。这话放在我身上需要转换一个角度，不是我忘不了农机，而是农机部门的老朋友没有忘了我。

光阴荏苒，时光如梭。转眼之间，来到了改革开放四十年。这时候，我已经从工作岗位退休了。为了纪念中国农业机械化改革四十周年，农机化司决定举办一系列活动，其中包括征文汇编成册。农机部门曾经的同事又想到了我，真要感谢他们。

不过，这个时候我已经懒得动笔了。不处在工作的状态，脑子懒，手也懒，也怕写不好，辜负了人家。当然，既然答应了，还是要尽力去完成，而且要认真完成。我想，这既是献给农机化事业的，也是献给自己的。虽然自己只在农机部门工作了13年，但那份情愫未了。

离开农机部门二十多年了，找到那些残存的记忆不是一件容易的事情。好在自己有剪贴的习惯，翻看着那些在农机部门工作时自己写过的文章，一条清晰的思路在脑海里慢慢呈现出来。于是我开始动笔，用电脑慢慢敲下了文章的标题——改革必须解放思想。

任何改革都会有起因，有内生的或外部的推动力，有引领的思想指引。中国的改革是从农村开始的，农村的改革又是从解放思想开始的，这是波澜壮阔的改革大潮的总源头。如果没有1978年真理标准的大讨论，没有邓小平名篇《解放思想，实事求是，团结一致向前看》，没有党的十一届三中全会，改革就无从说起。然而，从农机化事业的具体情况看，农村实行联产承包责任制是改革的大前提，在农村经营体制发生巨大变化的情况下，农机事业冲破旧体制的束缚，先决条件也是解放思想。然而，尽管我们笼统地说解放思想，但到底在哪些方面解放了思想，还缺乏系统的总结。我的文章，力图从四个方面作出回答。

说实在话，我在这篇文章上下了比较大的功夫，结果也是比较满意的。文章在网络上登载后，在农机界引起一定的影响。据说，征文的开始阶段，写纪念文章的人寥寥无几，我的文章发表后，不少农机人先后跟进，纷纷撰写相关文章，征文活动如期圆满完成。一个令人欣喜的消息是，时任农机化司司长（现任农业农村部副部长）看了文章后，建议司里的同志都看一看，这应该是超过征文获得一等奖的点赞。

在农机部门工作13年，细细想来，高光时刻只是几个瞬间，留下的记忆也如过

参观井冈山留影

眼烟云，得到的荣誉也似乎不那么隽永。但对我来说，它是我获得营养、培根固本的岁月，它是我学风养成、锤炼意志的时光，它的弥足珍贵，是一种永恒；我对农机事业的热爱和做出的努力，是一种永恒。

用一生守住法律和道德的底线

在我们的传统意识里，往往愿意把腐败分子脸谱化，一定要将其想象或者描绘成坏人的形象：或者骨子里贪财好色、道德败坏，或者善于花言巧语、庸俗不堪，或者整日醉生梦死、花天酒地，等等。殊不知，腐败分子中竟也有不少谦谦君子，平时给人的印象是极好的，因此就更具迷惑性。有一些这样的领导干部问题被披露后，很多身边人都会感到十分诧异。然而，残酷的现实一次次教育了我们。究其原因往往是比较复杂的。

其一，腐败现象是复杂的。人们在谈论腐败问题的时候，往往把腐败现象与腐败分子混为一谈。其实，这是两个意思相近、性质不同的概念。腐败分子是指有严重腐败行为构成严重违纪违法的人，而腐败现象是指存在于社会上的形形色色的腐败行为。我们讲反腐败形势严峻，不仅仅是指大老虎小苍蝇，更重要的是腐败现象五花八门，严重破坏了国家和社会的政治生态。平心而论，腐败分子在整个公职人员队伍中是少数，而存在腐败现象的公职人员，恐怕就不是一个小数

目。比如公款吃喝，比如收礼送礼，比如公车私用，比如婚丧嫁娶借机敛财等。腐败现象多了，政治生态就不很好。而政治生态不好，对所有公职人员就非常不利。

其二，腐败分子不易被发现。前些年，国家能源局出了个腐败分子，传说点他的赃款烧坏了点钞机。此人级别不高，能量不小，平时为人低调，做事谨慎，有一套房子专门藏钱，骑着自行车上下班，极善伪装。做过纪检工作的人应该知道，在查处的违纪违法案件中，大部分要么是别的案件牵连出来的，要么是收了人家的钱没办成事被举报的，通过主动监督发现的并不是很多。原因很简单，腐败问题都是在隐秘处发生的，天知地知，你知我知，别人不知。腐败本质上是权钱交易，而交易必须是互惠互利的，这也是腐败能安全隐藏在暗处的重要原因。

其三，权力和贪欲是无限的。权力是什么？简单说来就是一种支配力，是由国家机器或者组织力来保证的强制力量。哲学家罗素在《权力论》中指出，对权力的追求是人最核心的欲望之一。而更为不幸的是，权力自发地趋向掌权人的利益。所以可以这样认为，权力一旦被人掌握，便具有了人格化的特征。掌权人贪婪，权力便贪婪；掌权人好色，权力也跟着好色。孔子说过"吾未见好德如好色者也"，意思是说，我没有见过喜欢好的品德像喜欢美色那样的人。圣人都这样说，可见对人的本性是如何的无可奈何。所以，对权力进行有效制约，便成了一个世界性难题。

其四，人说到底是会改变的。人的本性是善还是恶，是贪还是廉？这是哲学问题，姑且不论。但人是会变的，这是不争的事实。而所谓的变化，大多产生于身份、地位变化之后。你看那些所谓的腐败分子，其中有不少人才华出众、出类拔萃、工作业绩斐然，不然的话，也很难被提拔起来。然而，随着职务的提升，优越感、自信心、占有欲、支配力也会随之上升，自信变为自负，以至于自我膨胀、利令智昏。在这种情况下，即便自己不主动以权谋私，也会有围猎者纷至沓来，迟早会陷入人家的陷阱。

从心理学的角度看，人的心理有时候是很脆弱的。读过《堂吉诃德》这部名著的都知道，里面有一个测试妻子是否忠贞的故事。还有句话特别有名：玻璃易碎，不碰它永远是完整的。然而，在这个充满物质欲和各种诱惑的大千世界，你有多大把握能够保证不碰那道红线？

守住法律和道德的底线，应该是每个人一生的追求。

人物卷 Ⅱ

十五
裴新民

　　裴新民，男，汉族，1962年7月生，甘肃民勤县人。1984年8月参加工作，1992年3月加入中国共产党，新疆八一农学院机械专业毕业，本科学历。现任新疆维吾尔自治区农牧业机械管理局党组成员、总工程师。

我的四十二年农机路　裴新民

植根新疆农机系统

我出生在新疆生产建设兵团，出生在"地窝子"中，是"兵二代"。在上大学之前，我一直在新疆兵团第七师一二四团生活，先后在团部小学和中学读书。

在团场的学生年代，每年要参加农业生产。学校要组织去割小麦、拾棉花、掰苞米、挖排渠等农活。那时候，体会到的是从事农业生产的辛苦和艰难。

所以，在填报大学志愿时，我没有报农业院校，更没有报农机化专业。当时就是要一心跳出农门，同时想救死扶伤，从事医疗事业，为人们解除病痛，几乎报的全是医科院校。

当收到新疆八一农学院农机化专业录取通知书时，我直接表示不去上这个专业。但在父母及亲朋劝说下，我才不情愿地踏上学农、学农机之路，入了农机之门。

我对农机认识发生重大变化是在入学后，与学校老师、学长及同学、农机部门的前辈交流接触之后。

1977年，国家提出1980年基本实现农业机械化，对发展农机十分重视。在农机化政策、资金及基础建设上给予了大力支持。1980年我入学时，正值基本实现农业机械化的目标年、关口，宣传力度较大。农机专业招生在农口专业比较紧俏，考分要高出30分左右。

通过学习、交流，我这个从兵团农场出来的人，对农业、对农机化有了深层次的认识，认为农业是个永恒的行业，农机永远是一个朝阳产业，前景光明。从事农业、农机，使命光荣、意义重大。

因此，大学毕业择业我就义无反顾地选择了农机化工作，在全班34人中仅我一人留在新疆。因为我是土生土长的新疆人，土生土长的"兵二代"，我对新疆有深厚的感情。新疆虽然农业发展落后，但潜力巨大，尤其是农机化的发展，较内地更具潜力、更有特色、前景广阔。

此后若干年，虽然有很多次机会离开农机行业、离开新疆，但是我都坚持了这个初衷，继续坚守在农机化系统工作，留在了新疆。

1984年8月，我被分配到新疆维吾尔自治区农机局工作。最初分在农机修造处，但我感到机关工作浮在表面、有劲使不上，就主动到鉴定站了解情况，向领导提出申请到鉴定站工作。这在局里引起了轰动，因为当时新疆农机鉴定站远在乌鲁木齐市西郊三坪农场，我主动要求去，大家都觉得不可理解、不可思议。当年国庆节过后，我就转到新疆农机鉴定站工作。

从1984年至2006年4月，我在新疆农机鉴定站工作了22年。从事试验鉴定、产品质量检测、检验、仲裁、质量投诉、农机标准化、技术管理等全过程业务工作，从技术员、检验员到技术部、检验室主任，再到副站长、站长，技术职称从助理工程师至工程师、高级工程师，再到推广研究员。组织筹建了农业部棉花机械质检中心，并担任中心主任十余年；在全国农机行业、在全疆各行业首家组建了省级农机标准化技术委员会，并任首任秘书长；作为具体操作人组建了消费者协会新疆农机质量投诉站，并主持处理了多起重大国内外农机投诉纠纷；作为主要执行人，带领全站职工，完成了新疆农机鉴定站、新疆农机质量监督检验站和农业部棉花机械检测中心双认证（CMA和CATL）工作，使新疆站检测能力和水平提升至全国前列。

2006年4月至2022年9月，在新疆维吾尔自治区农机局工作，任局党组成员、总工程师，兼任农业部棉花机械检测中心主任、新疆农机标准化技术委员会常务副主任、秘书长等职。2021年机构改革后，任新疆维吾尔自治区农业农村机械化发展中心党委委员、总工程师；2022年6月任二级巡视员，主要从事技术管理、科技教育培训、农机技术推广、鉴定、质量监督、投诉、信息、统计和标准化工作，也分管过农机安全、农机购置补贴、计财和人事等工作，但主抓农机技术业务。

2022年8月，组织部下文正式退休。因工作需要等原因，实际9月底才宣布。我在农机化战线工作整整38年，从事农机工作42年。退休后，还兼任新疆农机标准化技术委员会常务副主任，主要参与一些农机相关的社会活动，涉及科技、人社、工信、农业农村、市场监管（标准化）、农机部门的项目、政策咨询、验收等方面，还有大专院校、科研院所、企业的咨询、研讨，参与相关学（协）会专家组工作等。

总结多年的农机工作经验，我认为农机化发展现在最为困难的事情有三方面。一是很难协调农机与农艺有效融合和相互适应的问题。多数是农机适应农

艺，严重制约农机化发展。二是在人才培养方面，我们很难拓展，这方面没有直接政策和资金支持。农机使用者、管理者水平、素质提高跟不上农机装备数量和质量的快速提升，影响了农机化的高质量发展。三是农机科研和教育及农机工业的发展很难协调推进，制约了农机化全面发展和全程发展。

为推广棉花高效栽培技术做培训

专注农机技术

就我本人而言，从1980年上大学开始，一直从事农机化工作，主要工作就是农机化技术，在技术业务方面的主要收获集中在以下四方面。

第一，对推动棉花全程机械化，尤其是机采棉的推广应用，做了一些力所能及的贡献。

一是筹建了农业部棉花机械检测中心，形成我国棉花机械系统检测检验能力，尤其是提高采棉机的检测能力和水平。二是组织和亲自参与了棉花机械标准化体系建设和标准制（修）订，先后制（修）订相关国家标准3项、行业标准3项以上、地方标准5项以上，主笔参与农业部《西北内陆棉区棉花机械化生产技术指导意见》。三是多年来组织全区棉花全程机械化、机采棉的推广应用示范试点，组织了数十场棉花全程机械化和机采棉现场会。四是组织和亲自参与了对国外采棉机的测试、试验、示范、鉴定，包括乌克兰采棉机、迪尔采棉机、凯斯采棉机、澳大利亚统收采棉机等。参加了国产采棉机的试验、测试、示范、鉴定推广和各种研讨会，包括新疆农机化所、新联集团的三行采棉机，新研股份的三行采棉机，石河子贵航平水、乌苏钵施然，新疆铁建重工、天鹅、星光及沃得采棉机，以及手持式刷辊式、气吸式小型机等产品。

第二，组织筹建了新疆农机标准化技术委员会。

在全国农机行业，新疆和江苏率先建立了省级农机标准化技术委员会，在新疆各行各业中第一个建立了专业标准化技术委员会。农机标委会在新疆农机化发展过程发挥了比较大的作用，我在标委会一直担任常务副主任。新疆农机标准化技术委员会组织制定了近百个农机地方标准，制定、规划了新疆农机标准化体系。在新疆农机化各项工作中推进标准化，在各种农机试验、示范、推广应用、科研、示范区、工程建设中宣传贯彻国家、行业、地方和团体标准。尤其在农机制造企业推动标准化工作，新疆农机制造企业从大面积无标生产到目前已杜绝无标生产，标准化意识得到增强，并取得了巨大进步。各大专院校、科研院所标准化意识大幅度提高，为新疆农机化发展奠定了坚实基础。

第三，推动新疆林果业机械化的发展。

一是在新疆林果业发展初期组织并主持"林果机械化"项目到美国考察，组织主持农业部重点项目"北方林果机械化试验示范"，组织制定了一系列林果业机械化的农业和机械行业、地方标准并组织宣传贯彻实施。组织了多场推进林果机械化的现场会，组织实施了多项林果机械化的试验、示范项目和试点示范区建设，组织各级林果机械化的培训和培训教材编制。

田间调研农机农艺匹配情况

第四，一直在具体组织新疆农机博览会。

从第五届农村博览会开始，一直到第二十三届，在展会的举办形式、内容、展会发展方向、改革变革方面出谋划策，为展会的发展贡献了一份力量。展会从一个小规模展会，发展成为省级的展会品牌，从相关厅局及单位主办发展到自治区人民政府和农业农村部主办，再发展到由国家三家协会与新疆共同主办，社会影响力愈来愈大，对新疆农机化发展起到了比较大的推动作用。

荣誉和成果

作为新疆维吾尔自治区农机局总工程师、农业部棉花机械质量监督检验中心主任，多年来致力于棉花产业全程机械化和残膜回收，尤其是对棉花机械化采收做出了较大努力，产生了不错的成果。提出并在新疆组织创建了农业部棉花机械质量监督检验中心，在全疆范围内组织了机采棉推广示范，召开了机采棉技术研讨会和机采棉现场会、产品展示会。常年下基层到田间地头和企业车间进行调研考察，亲自到现场测试验证，开展技术指导和培训，组织制定机采棉及相关产品作业和加工操作安全等方面的国家、行业、地方标准，初步形成了机采棉标准体系，已经制定机采棉国家标准2项、行业标准4项、地方标准1项。亲自主持和参与了机采棉相关标准6项。采棉机国家标准2012年获中国机械工业科学技术奖二等奖。主持完成了农业部优势农产品重大技术示范推广农机项目"棉花生产机械化试验与示范"，组织完成农业部棉花全程机械化示范县项目在新疆的实施。具体执笔完成《西北内陆棉区棉花机械化生产技术指导意见》，农业部以农机办（2013）41号文发布。

作为学术带头人，组织并建立了新疆农机标准化技术委员会，并担任秘书长、常务副主任，曾任全国农机标委会、全国拖拉机标委会委员。主持了新疆农机标准体系研究和地方标准的编制，规划了新疆农机标准体系框架，培养了一批专业人才，组织制定国家标准、行业标准20余个。全面提高了农机企业的标准化水平，杜绝了无标准生产。组织制定并发布了60多个农机方面的新疆地方标准。新疆农机标准化工作在全疆各行中名列前茅。

在大力推进林果业机械化方面取得了一些成果。作为技术负责人，致力于发展新型林果业机械化。主持国家外专局"林果机械化"考察项目、农业部"国外林果业生产机械化技术配套机具引进试验示范"项目、农业部"北方林果机械试验示范"（农业部"推广体系"）项目；参与农业部"引进国际先进农业科学技术"项目，核桃采后加工技术引进试验示范。在新疆农机化推广研发项目、支持目录、购置补贴工作中着力促进林果生产机械化，组织开展了林果生产机械的研发、引进与消化吸收和示范推广。林果生产机械化项目获新疆维吾尔自治区科技进步奖一等奖、全国农牧渔业丰收奖农业技术推广成果二等奖、神农中华农业科技奖三等奖。

在日常工作中，认真探索、开拓创新，采用新思路、新举措解决农机化发展过程中出现的难题。近几年，参与了多项创新设计发明，通过国家专利授权的实用新型专利5项、发明专利1项，一些专利已经转化为生产力，在实际应用中产生了较好的效益。

作为新疆农业大学机械交通学院客座教授兼硕士生导师，培养了近10名研究生。

作为技术负责人组织编写了各种农机科普读物、培训教材，大型工程机械教材，组织编写了一部分新技术、新机具使用教材，组织制定了一系列新技术、新机具、新设备的质量评价与操作规程，产品的地方标准、行业标准、国家标准和团体标准，为各项农机化新技术推广打下了很好的基础，为新疆农机化教育培训工作提供了支撑。组织全疆农机化管理、专业技术人员、农机专业合作社、农机手的培训，组织新疆农机博览会和各种农机论坛，各种农机现场会、演示会推广普及各项农机化新技术。

参与农业部、财政部、新疆维吾尔自治区及地州各种规划、法规、项目评审、评估、职称评审、科技、专利、论文奖评审等工作。

推动智慧农业、智能农机的研发、试验示范推广。开展了北斗卫星导航系统的选型、试验，组织开展县级设施购置补贴，并推进全疆和全国的示范推广；组织开展了植保无人机在新疆的推广、试验示范及其购置补贴试验示范，促进新疆这两项技术应用走在全国前列。和中国农业大学一起提出北斗技术在农业和农机中的应用，组织军民融合精准农业项目的申报、论证、方案设计、实施等，促进、促成了此项目的立项。

在新疆农机化发展的各个阶段和主要方面，主持了"新疆棉花全程机械化发展调研""新疆棉花机械化采摘情况调研""新疆残膜机械化回收调研""新疆林果业机械化发展调研""新疆畜牧业机械化发展调研""新疆农产品加工机械化调研""新疆葡萄生产机械化（酿酒）调研""新疆花生生产机械化调研""新疆大

豆生产机械化调研"等多个项目，并且编写了质量较高的调研报告，提交给农业农村部、新疆维吾尔自治区党委政府和相关部门决策参考。

曾获全国质量检验先进工作者、农业部农机系统先进科技工作者，两次获新疆维吾尔自治区机关工委"优秀党员"称号。

采棉机市场和技术发展趋势分享报告

结　语

回首过往，我为选择农机行业、留在新疆感到幸运，也做出了一些贡献。但农机化工作难度大、见效慢，我想向正从事农机化工作的同事们、同仁们提些忠告及建议。

一是要把农机化发展的重点由以前的注重农机装备数量和质量的发展，转向提升农机使用者、管理者素质。把我们的主要精力、工作重点、财力，把我们的发展方向向这个方面转移，使我们农机化的高质量发展能够得到人才保障。

二是要增强信心，相信农机永远是个朝阳产业，前途光明，前景广阔。昂首挺胸，阔步前行。

三是要有恒心、耐心，持之以恒，不能急功近利。

四是做农机不能就农机做农机，要统筹协调农艺、畜牧、林果等，要考虑综合效益，要把握社会发展大局、农业农村发展大局，使农机化发展适应大局。

人物卷 II

十六
程 岚

程岚，女，汉族，1965年10月生，籍贯浙江省海宁市。1982年9月至1986年7月就读于西北农业大学农业机械系农机设计制造专业，大学学历；中共党员，农业技术推广研究员。长期从事宁夏农机鉴定、推广和安全监理等工作，退休后受聘为宁夏工商职业技术学院兼职教师。曾担任宁夏农业机械化技术推广站和宁夏农机安全监理总站副站长，兼任中国农业机械学会能源动力分会副主任委员、宁夏农机学会副秘书长、宁夏农机生产与流通协会常务理事、宁夏农机生产与流通协会秘书长等。曾担任农业部国家支持推广农业机械产品目录评审专家、宁夏支持推广农业机械产品目录评审专家、宁夏安全生产专家等。获得的荣誉有：2010年获得中共宁夏组织部、宁夏人力资源和社会保障厅、宁夏科学技术协会授予的第十二届宁夏青年科技奖，2019年农业农村部授予的"全国农业农村系统先进个人"称号等。

农机往事并非如烟　程岚

一、农机职业生涯的起步开篇

　　小时候主要生活在南方，童年记忆中的生活平静如水。父母工作远在西北。小学阶段没有功课的压力，从幼儿园到小学随外公外婆生活的我可以尽情放飞自我，温润的雨、百年的老屋、石板路、校园的桂花树、外婆包的粽子构成了我的乡愁。上中学时来到宁夏，在学校的学工学农实践活动中接触到铁锹、镰刀和胶轮力车等农具。1982年，高考后反复翻阅简单的招生指南，在建筑设计和机械设计两个专业中选择了农业机械。很开明的父亲没有要求"子承父业"，并且他当时告诉我西北农学院有比较悠久的历史。1982年9月，我来到了始建于1934年的西北农学院，开始学习农业机械设计制造。我的农机职业生涯从此起步开篇。西北农学院校址是武功县杨陵镇，教学区建在杨陵头道源上，要踩着155个石台阶拾级而上才能到达。1986年7月，我毕业时学校已经更名为西北农业大学。校园古朴、恬静，浸润在"民为国本，食为民天"的使命担当中。四年的大学时光，在农机专业知识增长的同时，也留下了一件件至今令我津津乐道、难忘的故事。一件是有一天我从校园北门出发，开着拖拉机向绛帐镇方向行驶了大约10千米，我这名女拖拉机手吸引了路边田间干活的妇女们惊奇的目光，着实得意。这一得意，就一下子干了30多年农机。另一件是大二时我们乘大卡车一路颠簸前往大荔县朝邑镇，在那里的原兰州军区空军军需农场完成了夏收机务实习。我驾驶联合收割机真正进行了整个作业季的小麦收获，以及随后的犁地、耙地和播种豆子的农机作业。开的是有着通身好看绿色的德国产E512联合收割机，日夜抢收，算起来所收获的小麦至少10吨以上，有小小的成就感。但是那批联合收割机没有安装驾驶室，顺风收小麦时，人全部淹没在收割机翻起的四处飞扬的尘土和细屑里，伴着夏日炎热的机收，辛苦难耐。从那以后我渐渐地能够理解农机手"三夏""三秋"劳动的艰苦不易。在农场开着履带拖拉机机组在一块3 000亩连片的地块上耙地，如同驾船在大海中乘风破浪。那段实习的日子直接影响了我参加工作后对土地连片的规模化、机械化作业等多效作用的理解。理解了农机设计制造的舒适性、农机维护维修安全性等的重要性。农机上的事与其他事一样，经过实践体验想通就变得容易许多，从农机实践中得知农机教育很重要。毕业后我被分配在宁夏农机鉴定技术推广站工作，从20岁到55岁从事宁夏农机鉴定、推广和安全监理等工作。

二、农机鉴定与推广

我从事农机鉴定和推广时间比较长，有二十余年。主持承担或参加了"玉米收获机械中试选型与农艺技术配套组合研发""宁夏水稻机械化生产技术示范推广""激光平地机国产化研究""宁夏农业机械化发展战略研究"等项目，引进先进农机技术、机型，开展选型、试验、推广和整机研发工作。一个偶然的机会我主编了《宁夏特色农业机械技术》《玉米机械化生产技术》等七个分册的农机应用技术系列丛书110万字，黄河出版传媒集团阳光出版社出版，宁夏每村发放了一套。退休后在宁夏图书馆查资料时，我意外发现《宁夏特色农业机械技术》被列入馆藏，觉得比较有趣。农机鉴定和推广工作中感触深刻、记忆犹新的经历很多，其中一件是推广玉米机械化收获技术的经历。玉米为宁夏第一大粮食作物。20世纪80年代中期，宁夏引黄灌区推广的麦套玉米"吨粮田"模式最不利于玉米机收，却是农村玉米种植的主要模式，改套种为单种，变革几十年的耕作制度有不小的难度。玉米单种模式主要集中在农垦农场，由于那时的机械化收获水平低，主要依靠人工收获。在一次秋收田间调查，路过一大片玉米地。只见从一辆破旧的车上下来十多位妇女，由一名男子带领。男子向她们简单交代了几句，妇女们便迅速进入玉米地。田间立时传出咔嚓咔嚓地掰玉米穗的声响，她们穿梭在叶片相连、粗壮而高大的玉米行间收获，头上扎的像标配一样的各色艳丽头巾很快淹没在茂密的茎叶间。那场景不稀奇、很普遍，但对于期待推进玉米机收技术的我而言却感觉到被刺痛了。2008年前后，我们建设玉米机械化生产示范县和示范园区，在每个县（区）召开玉米机械化生产现场会，与农机作业服务公司、农机作业大户、种植大户和农民见面；与宁夏玉米种植首席专家许志斌研究员一起培训适合机收的60厘米等行距玉米单种种植模式；与宁夏畜牧养殖业结合，引进青贮收获机；一些县四套班子领导齐聚现场会，从高产栽培到全程机械化的高效玉米生产，高位对标促进。提出农机农艺技术集成的宁夏玉米生产机械化生产技术规程，改进完善适合宁夏使用的玉米联合收获机、与宁夏各大农机销售公司预约、跟踪玉米联合收获机销售量。在农机化发展良好的大环境影响下，在持续加大购机补贴力度、加快农机作业服务公司建设等政策的组合推动下，通过多年努力，玉米全程机械生产技术终于广泛应用于宁夏全境。其中另一件是激光平地技术应用的推广经历。2005年前后我开始了激光平地技术在宁夏灌区水稻生产中的应用研究。激光平地机在宁夏农垦应用始于2001年。从美国引进了一套激光控制自动平地系统用于旱直播水稻的播前平田整地，提高灌面高低差。那时激光平地机的主件以国外进口为主，一台激光平地机价格30万元左右，因价格较高而成为影响农民购买的重要因素之一，我对这项技术能否快速推广尚不确定。一次在激光平地技术培训结束后，我被一些年青的农民围住，热切的询问出乎意料，同时我被他们的求知和创新精神深深地打动。在随后的入户调查中发现，激光平地机作业市场极好，需要平地的农民早早地排队等候；拖拉机牵引着激光平地机不分白昼地作业，农机手辛苦却喜形于色。2006年完成激光平地技术在宁夏灌区水稻生产中的应用调研，之后的几年中进行了激光平地机国产化研究，编制《激光平地机鉴定大纲》，完成了区内3家企业激光平地机国产化应用的定型鉴定；申报《激光平地机》地方标准。其中，宁夏智源农业装备有限公司成为推进国产化行动的佼佼者，其产品价格只有当年同款机型的1/5。据报道目前这个企业的激光平地机产品已占我国激光平地机85%的市场。在农机购置补贴政策的支持下，2008年宁夏新增了40台激光平地机，2018—2023年新增了1 299台激光平地机。当年价格昂贵的智能化高端产品已进入寻常农户家。

2007年农机市场的农机产品质量检查

三、农机安全监理

从事安全监理工作的 10 年中，我有幸参与和见证了宁夏农机安全监理的发展，同时也面对了挑战和难题，实施农机免费管理、农机监管服务能力建设、实施农机综合保险等措施。在这段历经中，一是有幸参加了农机免费管理工作。农机免费管理始于甘肃省白银市，发展于宁夏。2010 年，宁夏全面开始农机免费管理工作，我受命编制了第一份《宁夏农机免费管理实施方案》，如今宁夏农机免费管理服务已与农民一路相伴 14 载。二是有幸参加了全区农机安全监理能力建设工作。2011—2012 年，经过项目调研，编制《宁夏农机安全监理能力建设项目实施方案》，项目招标采购、合同签订等，实现了农机监理业务标准化办证大厅设备、农机安全技术检测、农机事故处理、培训考试拖拉机和设备、宣传和信息化建设设备等，全区各地市、县（区）农机安全监理所（站）全部配备。一改之前全区农机安全监理装备普遍落后、设备缺乏的现状，可与宁夏农业机械化快速发展形势相适应。着上新装的农机监理员更加庄重、威严，他们欣喜地形容："我们已经武装到了牙齿。"农机绿提示着农机必须安全发展，我恒久喜爱属于莫兰迪色系的农机绿，安宁湿润的高级色彩，不因时过境迁而改变。三是有幸参加了农业机械综合保险。除隐患、降事故是农机安全监理的责任和担当。在监理站分管多年农机事故处理，已知发生过死亡事故的农机产品有拖拉机、稻麦联合收获机、玉米联合收割机、玉米青贮收获机、TMR 全混合日粮搅拌机、微耕机、青贮采储机、打捆机、挤奶机、旋耕机、卷帘机、微耕机、自走式喷杆喷雾机、脱粒机；伤害事故多发的农机产品有铡草机、粉碎机。农机风险各种各样、千差万别，坚守安全底线并非易事。各地报上来的事故只是一部分，工作时间久了从汇集的各类信息中可形成对每年死亡事故的预判估计。当然，随着人们安全意识的提高，管理能力和技术的改进，从大趋势上讲死亡事故率在降低。一次我去调查一起玉米联合收割机事故和保险赔付情况。那位 33 岁美丽贤淑的女子，平静地打开手机给我看她在事故中去世的丈夫的照片，在我们面前高高低低站着一排从 5 岁到 10 多岁面容清秀、干干净净的孩子。从她的神情中已经看不到明显的悲伤，而是怎样继续将 5 个孩子养大的善良和坚强。在返程途中感伤她的不幸遭遇，不禁潸然泪下。还有连续两年在 9 月的同一天里，田间运行的玉米联合收割机割台部位致 3 岁多孩子死亡的事故。应完善农机风险管理。农机发展需要农机保险，

它是农机风险管理中不可或缺的部分。仅关注农机作业服务的财富增值，关注其职业风险和损失，忽视与此相适应的农机保险分散和转移的需要，便缺失了社会管理功能、社会保障功能中应该有的部分。宁夏农业机械综合保险始于2015年。2016年，我编写了《农业机械综合保险试点方案》《农机综合保险保费补贴项目实施方案》，自治区农牧厅和人保中国人民财产保险股份有限公司宁夏分公司联合发文开展全区农机综合保险试点。到2020年，已将拖拉机、联合收割机、铡草机、粉碎机、微耕机、卷帘机、脱粒机、自走式植保机、大型饲料混合机和农用植保无人机列入农业机械综合保险，并给予保费补贴。

四、农机职业技能培训

与农机化培训的其他形式相比，"以赛促训"的农机职业技能竞赛是比较独特的存在。农机手、农机修理工登上他们的专属舞台，一展高超技能。竞赛中有整齐的参赛服，有证书、有奖品，他们代表了一个地区的农机技能水平，也有赛后不服输的加倍学习。通过农机职业技能竞赛，他们能够获得劳模荣誉称号以及技术能手、农机修理工等级认证等归属他们的职业和能力的肯定。2009年和2010年我们开展了机收水稻、机收马铃薯田间实操竞赛；2015—2020年，拖拉机、联合收割机、自走式喷杆喷雾机场地竞赛，农用植保无人机田间实操竞赛和农机修理工竞赛集中开展。农机手们个个真诚、耿直可亲，他们或外向开朗，或沉着稳健，往往是一句简单的回复"好呢"或是"行呢"，他们就会放下手里的活计，从四面八方汇聚赛场。结识了宁夏龙平农业机械发展有限公司吴培军（董事长）和吴玉平（总经理）这一对爱农机职业技能竞赛的父子，是他们和这些具有奉献精神的农机企业支持和相伴了宁夏农机职业技能竞赛十多年。2009—2023年，我承担或参加的各类农机职业技能竞赛项目有24个。一路风雨兼程，幸运地参与和见证了宁夏农机职业技能竞赛逐步走向成熟。2022年宁夏的主要农作物综合机械化率已达到82%，服务于葡萄酒、枸杞、牛奶、肉牛、滩羊、冷凉蔬菜"六特"农业产业。尤其在牛奶产业，全区奶牛规模化养殖比例达到99%，规模养殖场采用全程机械化养殖，饲料加工机械化和机械挤奶率达100%，挤奶、送料和推料机器人相继出现并应用。但是，多年来农机职业技能人才缺乏一直困扰着企业发展。尽管大家在农机教育人才和培养方面想了许多办法，机械化作业缺少合格的操作工，高薪也难聘请到合适人才的情况仍然较为普遍。今年宁夏吉峰同德农机汽车贸易有限公司通过入校宣讲、组织师生参观、举办"百日冲刺"校园双选会，拉近与学校学生距离，终于从宁夏工商职业技术学院招收了10名汽车检测与维修技术和新能源汽车技术专业的实习生。这批学生来自我教过的班级，希望他们经过3～4年的农机工作实践脱颖而出，实现人员新老

2017年第四届中国农机手大赛全国总决赛现场

交替，担当重任。农机发展与农机基础教育不平衡是老问题，当下格外突显。

以人为本，以食为天。一年四季轮回，一枯一荣。写在诗词里的粒粒皆辛苦，如今粒粒皆有农机的身影。农业机械化是20世纪最伟大的工程技术成就之一，我们皆是受益者。"新冠疫情的三年"多方面冲击了经济，宁夏农机发展在坚守中回归岁月静好。为吃饱穿暖，改善生存条件的农机，像一段不可或缺的代码，农机和农机人始终在那里。往事如烟，几十年的农机从业经历，在与行业的多方面深度交流中、在与自然的亲近中、在平凡的欢喜忧愁中，时间凝聚了我得到的许许多多的帮助。悲悯、忙碌、靠谱、发现、憧憬、爱、生命等这些不可或缺的存在于岁月里的美好词汇，这些信息与农机的往事并存，感动其间。

专题人物

ZHUANTI
RENWU

2012—2022年全国20佳农机合作社理事长所在地分布情况表

序号	地区	2012	2013	2014	2015	2016	2017	2018	2019	2020	2021	2022
1	北京	2012	2013	2014	2015	—	—	—	2019	2020	2021	2022
2	天津	2012	2013	2014	2015	—	—	2018	2019	2020	2021	2022
3	河北	2012	2013	2014	2015	2016	2017	2018	2019	2020	2021	2022
4	山西	2012	2013	2014	2015	2016	2017	2018	2019	2020	2021	2022
5	内蒙古	2012	2013	—	2015	2016	2017	2018	2019	2020	2021	2022
6	辽宁	2012	2013	—	—	—	—	—	2019	2020	2021	2022
7	吉林	2012	2013	2014	2015	2016	2017	2018	2019	2020	2021	2022
8	黑龙江	2012	2013	2014	2015	2016	2017	2018	2019	2020	2021	2022
9	上海	2012	2013	2014	2015	2016	2017	2018	2019	2020	2021	2022
10	江苏	2012	2013	2014	2015	2016	2017	2018	2019	2020	2021	2022
11	浙江	2012	2013	2014	2015	2016	2017	2018	2019	2020	2021	2022
12	安徽	—	—	—	—	—	2017	—	2019	2020	2021	2022
13	福建	—	2013	2014	2015	2016	—	2018	2019	2020	2021	2022
14	江西	2012	2013	2014	2015	2016	2017	2018	2019	2020	2021	2022
15	山东	2012	2013	2014	2015	2016	2017	2018	2019	2020	2021	2022
16	河南	2012	2013	2014	2015	2016	2017	2018	2019	2020	2021	2022
17	湖北	2012	2013	2014	2015	2016	2017	2018	2019	2020	2021	2022
18	湖南	2012	2013	2014	2015	2016	2017	2018	—	2020	2021	2022
19	广东	2012	2013	2014	2015	2016	2017	2018	2019	2020	2021	2022
20	广西	—	2013	2014	2015	2016	2017	2018	2019	2020	2021	2022
21	海南	2012	—	—	—	—	—	—	—	—	—	—
22	重庆	2012	2013	2014	2015	—	2017	2018	2019	2020	2021	2022
23	四川	2012	2013	2014	2015	—	2017	2018	2019	2020	2021	2022
24	贵州	—	—	—	—	—	—	—	—	2020	2021	2022
25	云南	2012	—	—	2015	2016	—	2018	2019	2020	2021	2022
26	陕西	—	2013	2014	2015	2016	2017	2018	2019	2020	2021	2022
27	甘肃	2012	2013	2014	2015	2016	2017	2018	2019	2020	2021	2022
28	青海	2012	2013	2014	2015	2016	2017	—	2019	2020	2021	2022
29	宁夏	2012	2013	2014	2015	2016	2017	2018	2019	2020	2021	2022
30	新疆	2012	2013	2014	2015	2016	2017	—	2019	2020	2021	2022
31	大连	2012	2013	—	2015	—	2017	2018	2019	2020	2021	2022
32	宁波	2012	2013	2014	2015	2016	2017	2018	2019	2020	2021	2022
33	青岛	2012	2013	2014	—	2016	2017	—	2019	2020	2021	2022
34	黑龙江农垦	2012	2013	2014	2015	2016	2017	2018	2019	2020	2021	2022
35	西藏	—	—	—	—	—	—	—	2019	—	—	—

注：图中红色部分为历届曾获奖地区。

全国 20 佳农机合作社理事长名录

（2020—2022 年）

由中国农机化协会、中国农机化导报社和雷沃重工联合举办的雷沃杯"全国 20 佳农机合作社理事长"评选活动已举办十一届，评选出全国优秀合作社理事长 220 人，活动在行业内的影响力逐年增大，并且越来越受到社会各界的广泛关注，得到全国各省、自治区、直辖市农机部门和行业的重视与支持。

中国农机化协会刘宪会长表示，在农机专业合作社的快速发展过程中，理事长发挥了重要作用。他们始终深扎于中国的土地，在最熟悉的地方、用最精通的业务，让更多人脱贫致富。一个合作社能否发展好，很大程度上取决于理事长的个人素质和魅力。举办"20 佳合作社理事长"评选活动，就是希望通过评选农机合作社带头人，挖掘理事长的典型事迹，总结先进经验和做法，用他们的开拓进取和奋发事迹，推动更多农机合作社快速健康发展。本篇收录了 2020—2022 年三届共 60 位合作社理事长名录（2012—2019 年合作社理事长名录已收录于《农业机械化研究人物卷》中）。

2020年合作社理事长情况统计表

序号	姓名	区域	固定资产/万元	成员数量/人	服务面积/万亩	服务农户/户	经营收入/万元	流转土地/亩
1	张书安	北京	576.6	26	6	8 000	350	1 000
2	徐万军	天津	1 100	408	5.5	3 000	500	4 200
3	王金卯	河北	690	680	6.5	1 260	1 328	580
4	董德永	辽宁	1 190.8	41	6	2 321	1 020.3	2 023
5	卢伟	吉林	800	203	1	1 000	435	3 645
6	侯保柱	黑龙江	12 000	213	11	1 130	4 100	75 000
7	沈兴连	浙江	1 205	277	7.2	1 156	1 178	4 114
8	尉晓	安徽	1 200	235	30	30 000	1 800	2 850
9	张凤霞	山东	3 000	276	5.3	1 560	3 280	31 600
10	周建士	河南	2 200	216	11	10 500	500	1 100
11	陈红莉	湖北	1 860	232	5.6	2 600	11 500	3 800
12	董敏芳	湖南	3 000	178	3	6 000	2 767	3 876
13	郑兰芳	广东	804	136	14.5	5 326	1 160	900.2
14	张勇	四川	900	102	3	1 600	1 090	1 550
15	陈大明	贵州	160	583	1.5	3 000	96	260
16	何猛飞	云南	1 020	128	7.1	5 200	850	500
17	耿永胜	陕西	800	368	3	1 330	260	8 500
18	李文兵	甘肃	500	466	13.6	1 624	440	4 500
19	马海超	宁夏	1 000	65	12	3 100	1 220	7 000
20	张玲玲	青岛	919.93	245	6	3 100	602.6	2 100

● 张书安

地　　区：北京

工作单位：北京张书安农业技术服务专业合作社

● 徐万军

地　　区：天津

工作单位：天津市民强农机服务专业合作社

● 王金卯

地　　区：河北

工作单位：衡水市拓田农机专业合作社

● 董德永

地　　区：辽宁

工作单位：彰武县达安农机专业合作社

● 卢　伟

地　　区：吉林

工作单位：梨树县卢伟农机农民专业合作社

● 侯保柱

地　　区：黑龙江

工作单位：逊克县丰禾现代农机合作社

● 沈兴连

地　　区：浙江

工作单位：杭州余杭益民农业生产服务专业合作社

● 尉　晓

地　　区：安徽

工作单位：砀山县丰产农机服务专业合作社

● 张风霞

地　　区：山东

工作单位：阳信县开源农机专业合作社

● 周建士

地　　区：河南

工作单位：清丰县惠农农机农民专业合作社

● 陈红莉

地　　区：湖北

工作单位：洪湖市聚丰农机专业合作社

● 董敏芳

地　　区：湖南

工作单位：岳阳县丰瑞农机专业合作社

● 郑兰芳

地　　区：广东

工作单位：陆丰市支农农机专业合作社

● 张　勇

地　　区：四川

工作单位：绵阳市安州区龙腾农机服务专业合作社

● 陈大明

地　　区：贵州

工作单位：威宁县石门乡年丰农业农机专业服务专业
合作社

● **何猛飞**

地　　区：云南

工作单位：罗平县阿岗镇农腾农机服务专业合作社

● **耿永胜**

地　　区：陕西

工作单位：大荔县荔盛农机服务专业合作社

● **李文兵**

地　　区：甘肃

工作单位：会宁县文兵农机专业合作社

● **马海超**

地　　区：宁夏

工作单位：贺兰县海超农机专业合作社

● **张玲玲**

地　　区：青岛

工作单位：青岛俊利昌盛农机专业合作社

2021年合作社理事长情况统计表

序号	姓名	区域	固定资产/万元	成员数量/人	服务面积/万亩	服务农户/户	经营收入/万元	流转土地/亩
1	张有东	北京	1 460	23	2	550	1 500	1 200
2	王述民	山西	500	295	30	3 000	50	788
3	盛铁雍	辽宁	720	202	2	1 200	950	5 500
4	贾炳华	江苏	890	236	5	20 000	930	1 110
5	费颖儿	浙江	1 985	265	18.3	1 200	1 047	1 850
6	谢理明	安徽	1 558	302	6.8	1 225	3 500	1 800
7	傅木清	福建	489.6	337	8.0	1 230	1 350	6 000
8	付建忠	江西	1 900	260	26	2 000	8 000	2 000
9	王江涛	河南	788.6	226	30	5 000	650	200
10	杭世伟	湖北	2 300	215	12	1 100	1 200	3 000
11	刘秀波	湖南	1 153.6	265	1.7	4 568	2 035.6	5 212.6
12	马学杰	广东	4 487	218	5.2	2 600	2 671	4 500
13	唐新全	广西	800	20	0.8	5 000	250	1 200
14	孟锦勇	贵州	520	230	3.5	4 500	2 171.1	5 750
15	孙建华	云南	800	252	6	10 000	2 500	800
16	薛强	陕西	1 200	212	3	6 000	450	3 000
17	把多信	甘肃	650	320	4	2 300	80	3 200
18	汪威	宁夏	2 400	21	13	3 100	6 500	13 000
19	马建飞	新疆	919.9	245	6	3 100	602.6	2 100
20	朱涛	宁波	700	28	5	300	500	2 200

● **张有东**

地　　区：北京

工作单位：北京东瑞盛农机专业合作社

● **王述民**

地　　区：山西

工作单位：翼城县里砦镇益农农机专业合作社

● **盛铁雍**

地　　区：辽宁

工作单位：昌图县盛泰农机服务专业合作社

● **贾炳华**

地　　区：江苏

工作单位：邳州市土山镇炳华机插秧专业合作社

● **费颖儿**

地　　区：浙江

工作单位：德清县先锋农机专业合作社

● **谢理明**

地　　区：安徽

工作单位：无为县红土地农机服务专业合作社

● **傅木清**

地　　区：福建

工作单位：长汀县清荣农机专业合作社

● **付建忠**

地　　区：江西

工作单位：进贤县宏志农机服务专业合作社

● **王江涛**

地　　区：河南

工作单位：遂平县智远农机专业合作社

● **杭世伟**

地　　区：湖北

工作单位：襄阳市襄州区汇吉兴农机专业合作社

● 刘秀波

地　　区：湖南

工作单位：涟源市硕泰农机专业合作社

● 马学杰

地　　区：广东

工作单位：汕头市潮阳区顺杰农机种养专业合作社

● 唐新全

地　　区：广西

工作单位：兴安县全新农机合作社

● 孟锦勇

地　　区：贵州

工作单位：独山县秋实农业开发农民专业合作社

● 孙建华

地　　区：云南

工作单位：禄丰龙城农机农技植保专业合作社

● 薛　强

地　　区：陕西

工作单位：西安市长安区长丰农机专业合作社

● 把多信

地　　区：甘肃

工作单位：永登县红庄农机农民专业合作社

● 汪　威

地　　区：宁夏

工作单位：灵武市同德机械化作业服务专业合作社

● 马建飞

地　　区：新疆

工作单位：新疆农之鑫农机专业合作社

● 朱　涛

地　　区：宁波

工作单位：余姚市英苗农机服务专业合作社

2022年合作社理事长情况统计表

序号	姓名	区域	固定资产/万元	成员数量/人	服务面积/万亩	服务农户/户	经营收入/万元	流转土地/亩
1	杨国栋	北京	1 500	230	10	1 500	1 500	100
2	刘占海	天津	14 650	195	28	2 600	745.2	4 000
3	郭秀云	河北	2 000	221	30	18 000	1 200	3 000
4	李忠华	辽宁	1 100	113	2.26	2 301	1 350	14 860
5	韩凤香	吉林	589	202	1.52	1 010	1 200	15 200
6	汪俊贵	江苏	1 000	10	4.05	600	1 020	3 200
7	董红专	浙江	899	249	2	1 280	1 504	23 000
8	徐海波	安徽	2 360	374	2.3	7 667	1 270	7 015
9	彭鹏	江西	860	55	15	1 138	1 260	3 000
10	肖丙虎	山东	1 320	260	22	23 000	4 000	220
11	许红波	河南	500	123	3.5	1 100	320	4 200
12	杨友连	湖北	1 510	256	5.8	1 260	1 270	3 518
13	何俊	湖南	510	828	2.3	1 300	770	1 500
14	沈燕芬	广东	1 345	66	9.6	1 182	754	2 968
15	徐信昌	广西	710.16	36	0.13	810	526.35	1 338
16	刘玉兰	四川	516.92	115	6	6 000	502	1 026
17	姚林	贵州	668	52	6.2	2 651	386	1 500
18	张文武	陕西	960	110	18	8 000	960	600
19	王健	宁夏	530	5	6	3 060	189	5 100
20	姜永战	青岛	2 000	110	12	40 000	200	3 660

● 杨国栋

地　　区：北京

工作单位：北京互联农业农机专业合作社

● 刘占海

地　　区：天津

工作单位：天津旺达农机服务专业合作社

● 郭秀云

地　　区：河北

工作单位：滦县百信农机服务专业合作社

● 李忠华

地　　区：辽宁

工作单位：昌图县阳宇农机服务专业合作社

● 韩凤香

地　　区：吉林

工作单位：梨树县凤凰山农机农民专业合作社

● 汪俊贵

地　　区：江苏

工作单位：江阴市游圣农业农机服务专业合作社

● 董红专

地　　区：浙江

工作单位：龙游红专种粮专业合作社

● 徐海波

地　　区：安徽

工作单位：黟县农友种植专业合作社

● 彭　鹏

地　　区：江西

工作单位：新余市隆升农机服务农民专业合作社

● 肖丙虎

地　　区：山东

工作单位：郯城县立平农机化服务农民专业合作社

● 许红波

地　　区：河南

工作单位：兰考县众村生态农产品专业合作社

● 杨友连

地　　区：湖北

工作单位：浠水县原乡农机服务专业合作社

● 何　俊

地　　区：湖南

工作单位：保靖县裕民农机专业合作社

● 沈燕芬

地　　区：广东

工作单位：广州市增城石乡农机专业合作社

● 徐信昌

地　　区：广西

工作单位：合浦县闸口镇惠东农机农民专业合作社

● 刘玉兰

地　　区：四川

工作单位：中江鸿发农机服务专业合作社

● 姚　林

地　　区：贵州

工作单位：玉屏县供农农机农民专业合作社

● 张文武

地　　区：陕西

工作单位：西安市阎良区远航农机作业服务专业合作社

● 王　健

地　　区：宁夏

工作单位：宁夏双瀚农业机械专业合作社

● 姜永战

地　　区：青岛

工作单位：青岛同富勤耕农业机械专业合作社

附录

FULU

2022中国农业机械化发展白皮书

　　为全面记载年度农业机械化发展实践、进展与成效，收集行业发展基础数据，分享发展规律与经验，中国农业机械化协会自2016年起组织编辑了《中国农业机械化发展白皮书》。7年来，受到了各方面的关心、关注和鼓励，知名度不断提高，逐渐形成了独特品牌。

　　2022年是不平凡的一年，是党的二十大胜利召开之年，是向第二个百年奋斗目标进军的开局之年。面对世界百年未有之大变局，农机行业努力克服疫情灾情等多重不利因素影响，推动南方省份发展多熟制粮食生产、在有条件的地方发展再生稻，推广大豆玉米带状复合种植，粮食产量保持在1.3万亿斤[*]，为保障粮食和重要农产品稳定安全供给提供了有力支撑。

　　2022《白皮书》延续往年体例，主体分为三部分内容，全文约3万余字。第一部分（发展综述）反映2022年主要发展成果、数据指标、行业活动；第二部分（新思路　新举措　新进展）从求新、求变、求发展的角度，收录和反映2022年行业的一些变化和动向。如：农机装备补短板工作、农机购置补贴、农机试验鉴定、玉米大豆带状复合种植、南方水稻生产机械化等。第三部分（展望）探讨2023年及今后几年发展的趋势、思路和措施。

　　2022《白皮书》编写组参阅了大量行业公开发布的书籍、文件、重要会议讲稿、统计数据等资料，专心打磨、精益求精，突出特点特色，力求客观、准确反映行业的发展脉络、年度热点要点、有影响力的事件和取得的成就等，奋力打造成一本有史料价值的参考资料。

　　《中国农机化发展白皮书》是协会的一项公益性事业，是通过多方努力完成的智库产品结晶，是服务行业、服务会员的途径。我们投入了相当的人力和财力，并为之坚持数年。《白皮书》得到了农机化主管部门、科研院所、行业协会等有关领导、专家和媒体朋友的大力支持。这种支持也为我们提供了源源不断的前进动力。

　　2022《白皮书》将在中国农机化协会官网和微信公众号上分章节陆续发布，

---

　　*　斤为非法定计量单位，1斤等于0.5千克。

欢迎大家关注阅览。

受水平、能力和时间所限，《2022中国农业机械化发展白皮书》中一定有许多疏漏和错误，敬请界内同仁批评指正。

2023年3月18日

新思路　新举措　新进展

1.十年农机化发展成就

2013年以来十年间，在党中央和各级政府的高度重视和大力支持下，我国农业机械化取得了长足发展，为保证我国粮食安全及农业现代化发展、推动乡村振兴战略落实提供了坚强的技术装备及服务体系支撑。

法规政策体系日益完善。2013年以来，党中央、国务院制定和实施了一系列扶持农业机械化发展的政策措施。在《中华人民共和国农业机械化促进法》《国务院关于促进农业机械化和农机工业又好又快发展的意见》等基础上，农业农村部和各地相继制定的配套法规和规章，基本涵盖农业机械研发、生产、应用、推广、服务等各个领域。2013年，农业农村部印发《关于大力推进农机社会化服务的意见》。2016年，全国人大常委会首次开展《中华人民共和国农业机械化促进法》执法检查，同年农业农村部发布《农业机械推广鉴定实施办法》。2018年，国务院出台了《国务院关于加快推进农业机械化和农机装备产业转型升级的指导意见》，农业农村部印发《关于加快推进农业机械化转型升级的通知》。同年，农业农村部印发《关于加快畜牧业机械化发展的意见》。2020年，农业农村部、财政部、商务部共同制定了《农业机械报废更新补贴实施指导意见》，进一步加快优化农机装备结构。各地也推出了一系列加快农业机械化发展的政策举措。

农机具购置补贴政策持续实施。2013年以来，农业农村部、财政部等部门累计共落实中央财政农机具购置补贴资金1 725亿元（截至2020年底），补贴购置农机具2 583万台（套），受益农户达2 006万户。2020年中央财政农机具购置补贴金额达到277亿元，创下历史新高。与此同时，农机具补贴范围进一步拓宽，基本涵盖了粮食等主要农产品全程机械化生产所需的主要机具，补贴标准进一步优化调整。截至2020年底，各地已将自动饲喂、环境控制、废弃物处理等19个品目的畜禽生产机具纳入补贴范围，促进了畜禽生产机械化水平的提升。同时对各省份区域内保有量明显过多、技术相对落后的轮式拖拉机等机具品目或档次，降低其补贴标准；对重点区域内水稻插（抛）秧机、重型免耕播种机、玉米籽粒收获机等粮食生产薄弱环节所需机具，丘陵山区特色农业发展急需机具以及高端、复式、智能农机产品的补贴标准适当提高。此外，农机新产品补贴开始试点并逐步推广至全国。

农机总量合理增加，结构持续优化。2021年全国农业机械总动力达到10.78亿千瓦，相较2012年增长5.17%。农业装备结构持续优化，农业机械的产品种类由主要作物的耕种收环节向植保、秸秆处理、烘干等全程延伸，从粮食作物向棉油糖等经济作物，由种植业向养殖业、加工业拓展。在粮食作物生产方面，农业机械总量保持较快增长。在果蔬茶等经济作物生产方面，机械化发展也取得显著成效，其中甜菜、棉花、蔬菜、茶叶作物收获机数量在2012年基础上达到数倍增长。畜牧养殖、水产养殖机械化率分别达到38.50%、33.50%，2021年农产品初加工机械化率达到41.64%，农产品初加工机械数量从2012年的1 316.74万台增长至2021年的1 571.99万台，增长19.38个百分点。机械化信息化融合发展加快，农机装备结构进一步优化。

主要作物生产综合机械化率不断提升。2021年全国农作物耕种收综合机械化率达到72.03%，较2012年提高26.32个百分点，年均提高2.6个百分点。三大主粮作物生产机械化率进一步提高。同时薄弱环节的机械化水平加快提升，水稻种植机械化率达56.30%，玉米收获机械化率达78.67%。在经济作物方面，油菜、马铃薯、花生、棉花的耕种收综合机械化率也突破了50%，分别达到61.92%、50.76%、65.65%、87.25%。

农机社会化服务能力不断增强。2013年以来，我国农机大户、农机合作社、农机专业协会、农机作业公司等新型社会化服务组织不断发展壮大，"全托管""机农合一""全程机械化＋综合农事"等农机社会化服务模式不断创新发展，农机作业服务领域逐步拓展到农业产业各个领域。截至2021年，全国农机服务组织共计19.34万个，相比2012年增加2.63万个，其中农机专业合作社7.6万个，相比2012年增加4.16万个，年均增速4.46个百分点。农业作业服务收入快速增加，2021年达到4 816.21亿元，相比2012年增加1 140.29亿元，年均增速2.15个百分点，快于此前1.73个百分点的增速。

科技创新取得重大进展。2013年以来，在《农业装备产业科技发展"十二五"

专项规划》、国家重点研发计划"智能农业机械装备"专项、产业振兴和技术改造专项等政策支持下，智能农机装备专项的实施构建了自主的智能农业机械装备技术及产品体系，取得了一批应用基础和共性关键技术的突破：大功率农用柴油机、动力负载换挡传动系、总线控制等核心技术支撑300马力级拖拉机产业化开发；基于液压无级变速传动系（CVT）等技术，成功研制出400马力拖拉机样机；对无人电动拖拉机、智能农业机械定制芯片、氢燃料电动拖拉机等前沿技术进行了有益探索；突破了采棉机自动对行、在线测产、工况监控等关键技术与智能控制系统，推进了国产采棉机产业化发展。

制造和流通业快速发展。新中国成立以来，我国农机工业基本形成了具有中国特色的农机工业体系和市场体系。2012年我国农机工业总产值达3 382亿元，跃升为全球农机制造第一大国。截至2021年，我国农机工业总产值突破5 000亿元，全国农机装备产业企业总数超过8 000家，规模以上企业超过1 700家，能够生产14大类50个小类4 000多种农机产品，满足国内90%的市场需求，产品质量和国际竞争力不断提高。农机流通业态日益丰富，服务体系和服务能力不断增强。

2.推进农机装备补短板工作

2021年11月29日，农业农村部、工业和信息化部联合召开农机装备补短板工作推进会议，明确提出要加快补齐短板弱项，推进农机装备产业高质量发展。以此为起点，农业农村部、工业和信息化部、国家发展和改革委员会、财政部等部门紧密协同联动、强化沟通协调、加大政策支持，积极推进农机装备补短板工作，加快从研发制造和推广应用两端补齐当前农机装备短板弱项。经过一年多的努力，农机装备补短板工作已进入部门联动、中央地方上下协同、研发制造和推广应用产业链互动的新阶段。

强化组织领导，建立协同推进的工作机制。农业农村部、工业和信息化部共同成立农机装备补短板工作专班，统筹推进农机装备补短板和农业机械稳链强链工作。推动连续3年将加强农机装备研发列入中央一号文件，积极推动浙江、安徽、山东等省份相继出台支持农机装备产业发展政策文件。开展浙江、湖南等重点省份专题调研，组织各省份摸底农机装备产业发展情况，形成了各省份农机装备产业及产值上亿元农机生产企业的详尽数据库，推动各省份建立了头部企业直接联系机制。推动将相关农机装备纳入《首台（套）重大技术装备推广应用指导目录（2022年版）》和《国家产业结构调整指导目录》，将农机装备列入国家自然科学基金优先发展领域，引导各方资源及社会投资向农机装备精准用力。

强化研发攻关，加快短板机具实现突破。组织行业系统力量，坚持全产业、全环节梳理农机装备短板弱项，形成涵盖主要农作物、丘陵山区、设施种植、畜牧水产养殖、农产品初加工、重要零部件等领域的短板机具需求清单。分批次组织农机企业和科研单位编制短板机具项目化实施方案，明确攻关目标、实施路径、潜在优势团队、资金测算等内容，为后续开展研发攻关做好项目储备和前期论证。聚焦大型大马力机械和丘陵山区小型小众机械"一大一小"两大短板，积极协调相关部门和相关省份推进农机装备研发攻关。一批标志性机具研制取得突破，如国产240马力无级变速拖拉机、400马力级青饲料收获机已实现量产和产业化应用；6行打包采棉机、高速插秧机、10千克喂入量稻麦联合收获机国产品牌占有率持续提升；15度坡以下30～80马力丘陵山地拖拉机已完成多款样机试制，正开展小规模田间试验；油菜移栽机、再生稻收获机、大豆玉米带状复合种植专用播种机等机具基本成熟，已陆续应用于生产。

强化场景打造，积极拓展农机装备应用空间。积极推动"一大一小"农机装备推广应用先导区建设，黑龙江农垦与潍柴雷沃共同建设高端智能农机装备产业生产基地，浙江与贵州、云南两省协同推进丘陵山区农机装备发展，切实为国产"一大一小"农机装备拓展市场空间。地方建设丘陵山区农机装备应用熟化基地，打通研发制造、推广应用堵点，加速短板机具性能熟化和迭代应用。工信部、农业农村部遴选农业机器人典型应用场景，打造智能农机装备推广应用典型案例。积极充分发挥农机购置与应用补贴政策导向作用，将产业发展急需的农机具纳入补贴范围，通过新产品补贴试点方式，支持大豆玉米带状复合种植专用播种机、再生稻收获机等短板机具加快推广应用。紧盯"一大一小"短板机具，以及急需部署农业生产一线的重点机具，积极推进标准大纲制（修）订，持续增强农机鉴定能力。

强化部省联动，营造农机装备产业发展良好氛围。各省份加强政策创设，全力推进农机装备补短板工作。浙江、安徽启动实施"机械强农"行动，推动建设优势产业集群，开展特色农机研发；贵州启动实施山地农业机械化水平提升攻坚三年行动，开展小型化、本地化农机研发改造；重庆以市政府名义印发《加快丘陵山地特色农机装备产业高质量发展工作方案》，重点研发攻关适应丘陵山地作业的中小型农机以及适应特色作物生产、特产养殖的高效专用农机。湖南与农业农村部签订战略合作协议，共同打造智慧智能农机装备产业链发展高地；江苏、河南、宁夏、天津也都相继出台农机装备补短板的文件和行动方案。江西联合中国农业大学筹建南方丘陵山区智能农机装备研究院。新疆生产建设兵团建立重点农机企业联系制度。国机集团成立现代农业装备战略研究中心。

党的二十大报告明确提出，"强化农业科技和装备支撑"。下一步，农业农村部将会同工业和信息化部加力实施农机装备补短板行动，围绕加快建设农业强国、全方位夯实粮食安全根基和贯彻落实大食物观需要，以补齐短板弱项、提升农业装备支撑保障能力为目标，以加快破解"一大一小"农机装备卡点难点为重点，坚持研发制造、推广应用两端发力，着力突破核心技术，着力拓展应用场景，着力增强有效供给，着力优化产业生态，不断提升农机装备产业发展水平。

3.农机购置补贴

2022年，各级农业农村、财政部门贯彻落实农财两部农机购置与应用补贴政策要求，稳定实施政策、最大限度发挥政策效益，不断提升政策规范化、便利化水平。在补贴政策的有力带动下，2022年预计全国农机总动力将超过11亿千瓦，农作物耕种收综合机械化率将达到72.8%左右，切实增强了农民的获得感和满意度，为实施乡村振兴战略提供了坚实装备支撑。2022年，中央财政农机购置与应用补贴资金规模212亿元，支持324万户农民和农业生产经营组织，购置各类农机具385万台（套），拉动社会投资超过1 000亿元。

支持重要农产品稳产保供。持续强化对水稻插秧机、谷物收获机、玉米收获机等粮油生产作物机具支持力度，将80多个型号的油菜移栽机、窄履带水稻收获机、大豆玉米带状复合种植及收获机械列入补贴范围，支撑重要农产品生产布局战略性调整。生猪生产、奶牛、蜜蜂养殖所需的20多个品目机具已纳入补贴范围，并持续加大政策支持力度，全年使用补贴资金4.1亿元，支持21万个养殖场（户）购置机具22多万台（套），促进了生猪等重要农畜产品生产机械化水平稳步提升。

推动农机装备科技创新。多个省份开展农机研发制造推广应用一体化试点，在省级层面统筹科研、生产、销售、鉴定（认证、检测）、推广应用等方面资源力量，推动构建行业龙头企业牵头、大型专业科研院所支撑、重点农业生产企业（地区）参与、各创新主体相互协调的产学研用一体化创新联合体。深入开展农机新产品购置补贴试点，根据设施农业装备多以成套组合形式呈现的特点，加快推进成套设施装备补贴，山西、湖北、四川等省将蛋鸡养殖、油菜籽初加工、生猪养殖等成套设施装备列入补贴范围。

促进农机装备结构优化。通过补贴标准"有升有降"的组合措施，助推农机装备结构进一步优化，高性能作业机具占比实现稳步提升。19个省份提高了大豆玉米带状复合种植专用机具、履带拖拉机等粮食生产薄弱环节机具、丘陵山区特色产业发展急需机具以及智能、复式、高端产品补贴额测算比例，23个省份将轮式拖拉机的补贴额测算比例从25%降低至20%。农机产品认证机构开展拖拉机生产企业工厂条件审核，并将其作为"优机优补"前提条件，审核内容主要包括整机线等13类必备生产检验设备的运行情况等，6家企业已通过审核。

加速老旧机械淘汰升级。积极推进农机报废更新补贴实施，将农机报废更新工作纳入安全生产督导内容，各地优先扶持粮食生产机具报废更新，加快老旧收获、插秧、植保、脱粒等机械淘汰升级。推动加快报废更新工作进度、扩大实施范围。2022年全国共申请报废更新老旧机具5.13万台，报废结算3.84万台，结算补贴资金3.11亿元，与上年同期相比，报废结算机具数量与实际结算兑付资金提升明显，分别增长了26.4%、17.1%，申请结算比例显著提高，报废需求得到了更为充分的满足，受益农户数较上年增长25.4%。

大力提升政策实施便利度。农业农村部会同财政部联合印发《关于进一步便利购机者提交补贴申请的通知》，进一步指导各地加快补贴申请应录尽录。大力推广使用手机App等申请，全国60%以上的补贴申请通过手机App方式录入，浙江、山东、新疆等省份使用率已近100%。22个省份实现补贴资金信息化申领、补贴机具二维码识别、补贴机具作业监测"三合一"，2022年已办理补贴机具4.4万台，涉及补贴资金11.7亿元，累计对11余万台机具实行实时作业监测，监测作业面积达5 900多万亩次。

促进农机工业健康发展。近年来，补贴政策持续推进优机优补，提高补贴产品性能要求，让农民选好机用好机的同时，进一步助力了行业健康有序发展。2022年1—11月规模以上农机企业累计实现营业收入2 803亿元，实现利润152亿元，总体保持稳定，同比增长2%。行业集中度提升较快，从前6品牌市场占有率看，大中拖由2021年的66.9%提升至2022年的74.9%，履带式谷物收获机由2021年的89.2%提升至2022年的93.1%，玉米收获机由2021年的84.7%提升至2022年的92.8%，行业普遍认为补贴政策调控精准，政策效益显著。

4.农机试验鉴定工作

农业机械试验鉴定是推广应用农业机械化技术及装备的重要基础和关键环节、农机购置与应用补贴政策实施的重要支撑保障。2022年，农机鉴定机构克服全国疫情多发的影响，积极作为，依法履行农机试验鉴定公益性职能，不断提升农机鉴定服务能力和服务效能。

有效保障鉴定服务供给。2022年，各农机鉴定机构按照《农业机械试验鉴定办法》（农业农村部令2018年第3号）等相关制度规定，以服务农业机械化全程全面和高质量发展、支撑粮食等重要农产品稳产保供为目标，大力推进生产急需、智能农业机械等农机鉴定有效供给，有效支撑农业机械化发展。2022年发放农机推广鉴定证书6 570张，其中国家支持的农机推广鉴定证书1 185张，各省份农机推广鉴定证书5 385张，有效推广鉴定证书达30 057张；发放专项鉴定证书169张，有效专项鉴定证书达628张。有效试验鉴定证书依据270余个鉴定大纲开展，获证产品覆盖《农业机械分类》（NY/T1640—2021）标准中93%的产品大类，74%的产品小类和55%的产品品目，基本覆盖了购置与应用补贴产品品目范围和农业机械产品类别。田间作业监测、辅助驾驶系统等产品有效鉴定证书达200余张，加快智能农机的推广应用。

有效补充鉴定产品短板。围绕国务院关于"三农"工作的决策部署，以加快农机科技创新成果转化应用、推进农机装备补短板为导向，2022年制（修）订推广鉴定大纲29项，其中修订推广鉴定大纲15项，制订推广鉴定大纲14项，产品推广鉴定大纲达291项，覆盖产品品目增加8个，占《农业机械分类》（NY/T1640—2021）标准品目的57%。其中支撑大豆玉米复合种植技术推广应用，制订大豆玉米带状复合种植播种机、大豆收获专用割台推广鉴定大纲；支撑油菜扩种，提升油菜种植机械化水平，修订油菜移栽机推广鉴定大纲，补充油菜扩种机具短板；加快农产品加工机械化，制订油沙豆收获机、设施轨道作业平台、食用菌接种机、茶叶发酵机和果蔬预冷设备等产品推广鉴定大纲。2022年制（修）订专项鉴定大纲45项，专项鉴定大纲达250余个，有效解决新产品鉴定难问题。

有效创新鉴定工作机制。加强信息化手段在鉴定工作中应用。农业农村部农业机械化总站印发了《国家支持的农业机械推广鉴定换证远程检查工作规范（试行）》，充分借助信息化手段开展远程检查，确保新冠疫情期间换证项目能够按时完成，鉴定证书有效期有效衔接。江苏省农业机械试验鉴定站等鉴定机构研制开发生产查定、可靠性在线监测系统、二维码用户调查和报告生成系统等信息系统，提高鉴定效率，提升鉴定规范性。不断创新鉴定工作机制，采取反季节鉴定、集中鉴定等工作方式，缩短鉴定周期、提高鉴定工作效率，加快先进适用机具的鉴定推广。

统筹利用社会资源。农机鉴定采信具有资质的检测机构出具的检验检测结果是农机鉴定制度改革的新举措，是利用社会资源提高鉴定工作能力的新手段，可缓解鉴定资源不足，有效提高鉴定供给服务能力。但由于社会检测机构追逐利益、工作质量难以保障，为有效控制采信检验检测结果质量，农业农村部农业机械化总站先后印发了《关于做好农业机械推广鉴定采信检验检测结果工作的通知》和《农业机械试验鉴定机构采信检验检测结果管理办法（试行）》，建立了采信检验检测结果的工作机制，科学规范采信检测结果。

有效推动排放标准升级。2022年12月1日起，所有生产、进口和销售的560千瓦以下非道路移动机械及其装用的柴油机应符合中国第四阶段排放标准要求（简称"国四"）。农机排放由"国三"升至"国四"，有利于加快推动农业机械向绿色、高端的转型发展。为稳妥有序推进此项工作，有效衔接过渡，农业农村部农业机械化总站于2022年4月发布《关于做好柴油机排放标准升级农业机械试验鉴定获证产品信息变更等相关工作的通知》，并就具体实施有关问题发布了答记者问。排放升级按照依法依规严格要求、方便企业、提高效率的原则，采取"企业依规自主变更＋产品关键参数确认＋机构加强监督抽查"的方法，对符合相关变化要求的国四农机产品开展信息变更、确认。以柴油机为动力的移动农业机械试验鉴定证书总量6 000余张，涉及产品型号约2万个，最晚应在证书有效期满6个月前申请国四的变更。升级为国四的农机产品，产品型号后统一增加"（G4）"，在全国农业机械试验鉴定管理服务信息化平台中变更国四产品型号信息，纸质鉴定证书无须收回更换。目前已有1 100余张鉴定证书的2 000余个产品升级为国四，有效支撑绿色农机转型升级。

5.农机科研新进展、新突破

国家政策支持力度持续增强。党的二十大报告提出"深入实施种业振兴行动，强化农业科技和装备支撑，健全种粮农民收益保障机制和主产区利益补偿机制，确保中国人的饭碗牢牢端在自己手中"。中央一号文件提出"全面梳理短板弱项，加强农机装备工程化协同攻关，加快大马力机械、丘陵山区和设施园艺小型机械、高端智能机械研发制造并纳入国家重点研发计划予以长期稳定支持"。中央农村工作会议提出"要以农业关键核心技术攻关为引领，以产业急需为导向，聚焦底盘技术、核心种源、关键农机装备等领域，发挥新型举国体制优势，整合各级各类优势科研资源，强化企业科技创新主体地位，构建梯次分明、分工协作、适度竞争的农业科技创新体系"。全国农业机械化工作会议提出启动实施农机装备补短板行动，全国相继出台省级层面农机装备补短板行动方案，形成农机装备补短板"一盘棋"。

农机科研项目稳步实施。国家重点研发计划"工厂化农业关键技术与智能农机装备"重点专项2022年度安排项目24项，中央财政经费支持共计3.23亿元，在"十四五"国家重点研发计划项目布局中占比58.62%，常规项目、揭榜挂帅和省部联动项目共15项，青年科学家项目9项，重点围绕农业专业智能芯片、设施环境作物生命信息传感器、大田作物生长模型与智能决策、农情信息监测、农机新型动力系统、丘陵山地通用动力机械、肥药精准施用部件等16个智能化技术装备研发方向开展攻关，全国共102家高校、科研院所和农机企业参与实施。国家相关研发专项中设置的丘陵山区农机装备研究课题相继启动，集中开展丘陵山区专用动力装备、黏重土壤播种装备、高效移栽装备、粮油及经济作物收获装备等机具研发。农业农村部分区域、分产业、分品种、分环节系统梳理农机整机装备、重要零部件、关键核心技术等方面存在的短板弱项，锁定300多个短板，项目化开展技术攻关，提升农机装备作业水平。国家和地方不断加大农机装备研发支持力度，农业农村部分别在黑龙江、浙江启动大型大马力高端智能农机装备和丘陵山区适用小型机械推广应用的"一大一小"先导区建设；财政部选取浙江、湖南、吉林和新疆等地区，每个省份安排2亿元资金开展研发制造推广应用一体化试点；江苏全面实施农业生产全程全面机械化推进和农机装备智能化绿色化提升"两大行动"；山东将"丘陵山区适用智能作业装备研发与应用"等6个项目列入2022年第一批省重大关键技术攻关项目，经费支持约1.2亿元；广东省投入3亿元加快补齐水稻机械化烘干短板；重庆将亟须的无人驾驶轻型履带拖拉机、水稻无人育种播插秧装置、山地玉米收割机、薯类作业装备、蔬菜移栽机器人、榨菜（青菜头）联合收割机等8种重点农机装备，分批面向全国"揭榜挂帅"研发；河南启动实施先进制造业集群培育行动。

农业装备与技术研究取得丰硕成果。工业和信息化部发布了首个智能农机技术路线图，以无人农机为最终产品形态，提出灵巧整机架构、通用数字底盘、新型动力系统、融合感知和信息采集系统、一体化作业机具、新型能源系统等九大前沿和关键技术。《全球工程前沿2022》在北京发布，"农业自主作业机器人""作物无人化智慧栽培技术""生态智能池塘养殖技术"入选农业领域开发前沿Top10。农业农村部公布2019—2021年度全国农牧渔业丰收奖，"东北黑土地保护性耕作机械化技术集成与推广""池塘高效生态养殖装备技术集成与应用"等获得农业技术推广成果奖一等奖。农机领域共11个项目荣获2022年度中国机械工业科学技术奖，其中，江苏大学和河南科技大学分别牵头的"设施园艺智能化装备技术及应用""拖拉机动力系统关键共性试验技术及标准"获得一等奖。国内首款240马力CVT智能拖拉机雷沃P7000成功交付，大马力重型智能拖拉机在动力系统、无级变速传动系统、液压电控智能化控制系统等核心技术方面取得重要进展。国内首个收获机械粮损测试验证平台成功研发，填补了收获机械粮损机械化检测行业空白。成功研制低损高效油菜联合收获机，作业效率达到6～7亩/小时，是人工收获的50倍。国内首台适用于丘陵山区水田作业的折腰加前轮偏转复合转向拖拉机研发成功。国内首台拥有自主知识产权且可实现甘蓝高效低损联合收获的作业装备研发成功，填补了国内甘蓝收获技术装备的空白。国内油茶果采收机完成中试，向产业化阶段迈入。

农机化新技术推广不断取得新突破。"玉米籽粒低破碎机械化收获技术""水稻机插缓混一次施肥技术"和"棉花采摘及残膜回收机械化技术"入选"2022年农业农村部重大引领性技术"。"玉米密植高产滴灌水肥精准调控技术""水稻钵苗育秧移栽机械化技术""高地隙自走式玉米去雄机""露地蔬菜全程减人工智能化技术""电驱气力式玉米大豆单粒精量播种机""油菜毯状苗联合移栽机""双通道全喂入式再生稻收获机""3ZSC-190W型无人驾驶水稻中耕除草机""蔬菜多功能复式移栽机"9项成果入选"2022中国农业农村重大新技术新产品新装备"。全国大豆玉米带状复合种植示范基本实现了玉米不减产或少减产、亩产大豆100千克左右的目标，带状间作实收测产大豆最高亩产达到165千克；新疆有7 000余台采棉机投入棉花采收作业，跨地方、兵团棉区参与棉花采收的采棉机1 300余台，棉花机采率突破80%，棉花生产全程机械化率达94%。"油菜毯状苗联合移栽技术"以2 280万元转让给国机重工集团常林有限公司，创农机领域科技成果转让金额新高。

农机科研人才队伍建设取得新进展。农业农村部对现代农业产业技术体系首席科学家和岗位科学家进行了优化调整，遴选出首席科学家4位、岗位科学家

130多位，其中涉及农机岗位6个，分别是马铃薯体系的智能化管理与精准作业、棉花体系的田间管理机械化、蚕桑体系的桑树生产管理机械化、茶叶体系的加工机械化、大宗蔬菜体系的收获机械化、香蕉体系的果园生产机械化。农业农村部启动实施"神农英才"计划，围绕智慧农业等关键核心技术领域，聚焦"高精尖缺"开展遴选活动，共有49名农业科技领军人才、202名青年科技人才入选，其中农机领域多位科学家入选。教育部公布第二批全国高校黄大年式教师团队，其中华南农业大学罗锡文院士带领的农业工程教师团队和石河子大学陈学庚院士带领的现代农业装备团队成功入选。

农机化科技创新体系不断完善。国家出台了《关于加快新农科建设推进高等农林教育创新发展的意见》《新农科人才培养引导性专业指南》等政策，提出将生物育种、农林智能装备相关学科专业纳入有关专项计划支持范围，在智慧农业领域设置智慧农业、农业智能装备工程专业等，农机装备领域学科体系建设得到进一步强化。《国家自然科学基金"十四五"发展规划》确定了115项"十四五"优先发展领域，"高效农机装备设计与理论"首次作为优先发展领域单独列出。国家重点实验室重组工作稳步推进，农业装备技术全国重点实验室等2个农业机械化领域的实验室完成重组。农业农村部遴选出80个农业农村部重点实验室（部省共建），其中农业农村部智慧养殖重点实验室、农业农村部东南丘陵山地农业装备重点实验室等11个与农业工程相关的单位包括其中。农业农村部新增玉米大豆带状复合种植（北方）、黄淮海大豆科研基地、特色油料作物（油茶）科研基地、繁育种全程机械化科研基地、西北中药材全程机械化科研基地、高原农作物全程机械化科研基地等6个全程机械化科研基地。中国农业科学院启动实施"智机科技行动"，集聚全院农机装备领域10个研究所20多个科研团队力量，以农机装备补短板、攻核心、强智能为目标，聚焦高效智能绿色农机科技攻关、农机科企科产协同创新、农机创新平台提升等重点攻关任务。中央电视台农业农村频道推出国内首部以农业机械现代化为主题的大型科技纪录片《挑起我们的金扁担》，以中国农业机械化为主题，从主粮作物、经济作物、畜牧水产、水果蔬菜、自主研发五个不同方面展开，讲述中国农业机械化发展如何保障国家粮食安全、改变国人生活的故事，回答了未来中国"谁来种地""怎样种地"的问题。

6.农机工业与农机市场

2022年，受能源危机、原材料涨价、危机全球的粮食安全等复杂环境影响，我国农机市场呈现出以下特点。

农机细分市场兴衰两重天。一方面一些市场在各种利好因素拉动下，出现不同程度的增长。调查显示，耕整地机具市场前三季度累计销售各种耕整地机械70.57万台，同比增长13.66%。实现销售额27.39亿元，同比大幅度增长42.81%。自走式轮式谷物联合收获机累计销售3.5万余台，同比大幅度增长50%以上。棉花采摘机、花生收获机、畜牧机械、青饲料收获机、谷物烘干机等市场同比增幅也在10%以上，大中拖也出现稳步增长的势头。一些属于更新高峰期引发的周期性增长，譬如耕整地机械、谷物烘干机、畜牧机械等市场。一些属于"国三"升"国四"的拉动，譬如大中拖市场；一些则为疫情引发的区域市场的骤然增长，譬如轮式谷物联合收获机市场。

另一方面，一些市场受疫情、水灾等自然灾害、因退补导致的区域市场大幅度滑坡、周期性下滑等因素影响，出现不同程度的滑坡。包括播种机、水稻插秧机在内的种植机械市场受年初疫情影响较大，出现10%以上的滑坡；自走履带式谷物联合收获机、玉米收获机（包括茎穗兼收玉米收获机）、饲料收获机受用户收益下降、疫情、自然灾害影响，也出现较大滑坡。

出口结构优化升级。随着我国农机产品技术、性价比飞跃式发展，农机大型高端市场长期被国际农机巨头垄断的状况正悄然改变。伴随着无级变速器技术的突破，推出了无级变速拖拉机、半喂入收获机等大型高端产品。伴随着采棉头技术的突破，钵施然、铁建、东风、沃得、天鹅股份等一批国产采棉机品牌崛起，成为中国市场主流。

我国农机出口贸易的蓬勃发展，体现了我国农机的巨大进步和国际核心竞争力的提升。2020年我国成为继德国、美国之后的第三大农机出口国。出口农机品质和结构均发生变化。前8个月，我国农机出口额前十大目的地国家中，包括美国、澳大利亚、德国、法国、英国等发达国家，其中出口美国的金额达到17.9亿美元，占比18.48%，位列全部出口目的地国的第一位。出口结构也发生变化，大型化趋势明显。拖拉机由原来中小型为主到现在的大型机增速明显，如180以上马力段拖拉机，出口额虽然只有0.24亿元，占比不过4.81%，但同比增长高达203.15%，与之同时发生的还有50马力以下机型同比出现大幅度滑坡，意味着我国农机核心竞争力有所提升。

竞争加剧，集中度提高。市场集中度突出表现在市场规模较大且较为成熟的传统市场。以进入补贴目录的大中拖和三大粮食收获机为例，可看到集中度之高，且不断增长的现状。在260家进入农机补贴目录的大中拖品牌中，销量前六名的品牌占比高达74.92%，较上年同期上扬8.04%；55家自走轮式谷物联合收获机生产企业中，销量前五大品牌占比更是高达88.89%，同比上扬5.28%；42家自走履带式谷物联合收获机中，销量前六名的品牌占比93.11%，同比上扬3.96%；97家玉米收获机生产企业，销量前六名大品牌占比也达到了92.8%，同比上扬8.12%。

我国传统农机市场集中度提高缘于多种原因，一是原材料涨价，弱化价格在竞争中的优势。大品牌规模优势凸显，抵御价格上涨的能力更强，受此影响相对较小。相反，小品牌随着原材料价格的上涨，多年积累形成的价格优势减弱，市场占比逐年下降。二是补贴政策的不断完善。譬如补贴政策中K值的引入，市场竞争秩序好转，大品牌的优势得到有效发挥。三是用户结构变化。随着农机专业用户的崛起，终端用户质量得到较大提升。尤其是农服组织、农机合作社、家庭农场等专业用户的蓬勃发展，农机消费的价值理念有所改变，其中品牌成为影响购买决策的关键因素。四是产品品质差距逐渐拉开，大品牌的品质优势凸显。五是随着大型高端智能化趋势的不断增强，大品牌的"智能制造"能力表现得更加突出，核心竞争力优势成为抢占市场的锐器。

大型化、高端智能化与碎片化。随着我国农机化快速推进，农机工业制造水平的提升，农机产品的功能日益丰富，消费者对产品品质要求及个性化需求不断提升，向高精密度、高品质、个性化定制的方向发展。随着生产工艺难度不断增加，对智能制造装备需求不断加大。农机产品快速迭代，市场需求呈现出的大型化、高端智能化和碎片化趋势愈发强劲。

大型化、高端化趋势愈发强劲，表现在拖拉机、收获机、耕整地机具、畜牧机械、种植机械等各个细分市场。如拖拉机市场，100马力以上机型同比大幅度攀升34.77%，高于大中拖平均增幅20.1%；再如轮式谷物联合收获机市场，喂入量进入9千克时代，同比增长13倍之多。随着土地流转和托管、保护性耕作以及补贴等政策的持续推进，农机服务组织、农机合作社、家庭农场等新型经营主体快速发展，大型化趋势越来越凸显。

需求碎片化是2022年农机市场表现出来的又一突出特征，这种现象与我国农机市场转移息息相关。表现为粮食作物向经济类作物机械化拓展；粮食作物耕种收环节向全程机械化推进；种植业机械化向畜牧养殖业、水产养殖业、设施农业、农产品初加工业机械化延伸；平原地区机械化向丘陵山区机械化进军；中低端农机低质量作业向大型、高端、智能农机的高质量作业转变。正是以上的种种变化，直接推动包括经济类作物机械、养殖与设施农业机械以及丘陵山区机械在内的小众市场的崛起，而小众市场表现在需求上的最大特点就是市场容量小、碎片化。

新能源农机进入发展"风口"。国内农机传统市场趋于饱和并进入存量竞争状态，农机大型高端化、智能化、电动化悄然已至。与新能源关联密切的电动化，成为农机行业的热点话题。

我国新能源农机并不是新概念，早已进入实践阶段。回溯我国新能源农机的发展实践，其问世时间并不比汽车晚，早于2016年，山西卓里集团有限公司等26个企业已经生产出丘陵山区小型电动农机、果园电动农机和收获电动农机等5大类共71个电动农机新产品。经过专家评审，共有21个企业54种产品进入了山西省奖补名录，可以批量生产并且投入使用。我国大型企业早就开始关注新能源农机的发展，调查显示，我国有几十家新能源农机制造商，均已形成生产能力。中国一拖2022年7月推出的220马力油电混合动力拖拉机，国产化率达到85%以上，预示着国产拖拉机电动时代的到来。

疫情成为2022年农机市场的重要变量。新冠疫情反复延宕，散点爆发。延续几十年的国际农机展因之停办，众多企业一年一度的商务年会因之改为线上。

疫情对物流影响较大。一是对制造端的影响。因物流迟滞，导致零部件供应迟滞，不少企业无法正常组织生产。如春播前后，受疫情影响，许多播种机、插秧机生产企业零部件供应不及时，无法组织生产，成为市场大幅度下滑的一个重要因素。二是对经销端的影响。因疫情，产品无法顺畅送达终端，导致经销商无法正常组织货源，无货可卖，或供应延迟，错过销售季节。三是对终端市场的影响。疫情直接影响一些用户无法正常出门购机，令本就惨淡的市场雪上加霜。综合各种因素，估计疫情因素或拉低全年农机市场4%～5%份额。

疫情不仅对市场需求产生负面影响，同时也导致市场需求变轨。譬如轮式谷物联合收获机，因为疫情管控原因，导致跨区作业受到较大阻碍，一些区域出现无机可用的情况，进而导致跨区作业机械资源的重新配置，成为拉动市场需求大幅度增长30%以上的直接原因，安徽市场表现得尤为突出。

7.大豆玉米复合种植

2022年是大豆玉米带状复合种植（以下简称"复合种植"）大面积示范推广的第一年，农机系统和行业认真落实落细大豆玉米带状复合种植模式配套农机装备保障各项工作，努力确保种得好、管得住、收得上，为完成复合种植年度目标任务和长远发展提供有力机械化支撑。

大豆玉米带状复合种植采用大豆带与玉米带间作套种，能充分发挥高位作物玉米的边行优势，扩大低位作物大豆受光空间，实现玉米带和大豆带年际间地内轮作，在同一地块实现大豆玉米和谐共生、一季双收，可有效解决玉米、大豆争地问题。一般玉米带种植2～4行、大豆带种植2～6行，通过调控作物的株行距，实现玉米与当地清种密度基本相当、大豆达到当地清种密度的70%以上。

大豆玉米带状复合种植对机械化提出了新的更高要求：播种机械化作业难度大，协同施肥和病虫草害防控机具、技术不足，收获作业难度大，生产效率不高等，制约了大豆玉米带状复合种植的快速发展。因此，如何融合农机农艺实现高产稳产与绿色高效，提高复合种植全程机械化技术应用水平逐渐成为大豆玉米带状复合种植生产的关键。

2022年，全国复合种植推广面积1 600余万亩，复合种植全程机械化技术得到较大规模示范推广应用，全国试验区平均数据显示，与常规玉米生产作业比较：通过复合种植全程机械化技术，基本实现"玉米不减产，多收一季豆"。水分、肥料利用率提高10%以上，化肥用量降低5%以上，光能利用率提高3%以上；利用生物多样性、分带轮作和小株距密植降低病虫草害发生，农药施药量降低5%以上，用药次数减少。每亩节本增效199元左右。

针对复合种植面临的装备不足、经验偏少和机具应用难题，农机管理部门组织推进配套机具供给，强化实用高效机械化技术应用，加强基层人员和实施主体培训。

坚持造改结合，强化机具保障。加强专用机具的生产调度和供应对接，指导在用机具改造，确保有适宜机具可用。农业农村部农机化总站开展复合种植专用机具研发生产和机械化技术应用调研、适用机具筛选，掌握专用机具研制情况。针对专用机具保有量少、购置成本高等问题，制定发布配套机具调整改造指引，编辑发布播种机、收获机调整改造视频实例4项，累计观看超16万人次。组建承担省、实施县与重点生产企业机具保障对接工作群，统计分析关键机具缺口，联系重点企业做好装备生产流通，持续推进实施主体与企业间的对接保供。各省份开展大豆玉米一体化播种机实地验证，复合种植相关机具补贴额测算比例提高到35%，对农户购置适用复合种植的机具优先补贴、应补尽补，加快补贴资金兑付进度。

　　坚持点面结合，强化技术指导。一方面制定发布技术规范，另一方面加强现场指导，确保种植主体掌握技术要领。开展关键技术集成创新与应用，农业农村部农机化司发布了《大豆玉米带状复合种植配套机具应用指引》，农业农村部农机化总站和农作物生产全程机械化专家指导组制定了《大豆玉米带状复合种植机械化减损收获技术指导意见》。针对机收环节小型兼用机具保有量少等问题，发布《大豆玉米带状复合种植收获机具备选目录》《大豆玉米带状复合种植机收作业模式典型案例》，提出机械化收获解决方案。"春耕""三夏""三秋"关键农时，超过20人次的专家深入基层生产一线，开展机械化技术实地指导服务。

　　制定专用播种机实地验证方案，西南、西北、黄淮海地区开展专用机具评价，有力支撑新型专用机具纳入补贴试点。《大豆玉米带状复合种植播种机》推广鉴定大纲的编制，推进了专用机具鉴定检测。各地农机推广机构开展复合种植机械化试验示范，对比不同种植模式、不同机具配套、不同技术模式，探索全程机械化解决方案。生产企业推进机具研制改进，提高作业质量，解决应用问题。

　　线上线下结合，强化宣传培训。积极克服疫情影响，采用实地演示、在线展示、视频直播等方式提供全方位的机具、技术宣传培训，提高种植主体的技术应用水平。中国农业机械化信息网设立了"大豆玉米带状复合种植机械化专栏"，累计编发信息200余条。在春耕播种、植保田管、秋季收获关键时期，线上线下举办专题培训以及中国农机推广"田间日"，展示适用机具，讲解核心技术，线上培训观摩人数超800万人次。

　　建立了保障有力的供给渠道，基本解决了无机可用的问题。通过现有机具改装、专用机具研制、鉴定验证遴选、补贴政策支持等方式加强各环节机具保障，打通生产与应用的机具供需对接。据不完全统计，全国累计投入复合种植种管收机具13.6万台，其中一体化专用播种机部分重点企业生产销售已超过3 000台，提供了有力的装备支撑。

　　构建了较为全面的技术体系，逐步解决了无技可学的问题。6个种管收各环节机械化技术指引的制定，基本形成了复合种植全程机械化技术指导意见，解决了播种质量低、植保防漂移难、机收损失高等问题。据各地实施主体反映，复合种植机具应用指引、减损收获指导意见等技术规范好用，切实解决了实际难题。

　　构建了协调高效的推广模式，合力解决了无人可教的问题。农业农村部农机化总站引领省、市、县、乡四级农机推广机构，调动行业协会等"一主多元"市场推广力量，创新线上线下多渠道推广方式。各地建立推广人员与实施主体一对一指导服务机制，实现关键技术"最后一公里"落地。

构建了合作共赢的工作机制，初步解决了无好机用的问题。加强产学研推用各方密切合作，发挥各自技术优势，一同推进机具改进提档。河北农哈哈、山东巨明、潍柴雷沃等重点企业推动专用收获机具研发，种管收专用机具持续研发完善，一体化专用播种机基本成熟，双系统自走式喷杆喷雾机已基本定型，双系统一体化专用联合收获机已投入作业演示，北斗导航、辅助驾驶等智能设备加快应用。

2022年是推广的第一年，玉米大豆复合种植还存在一些问题。农户在思想上还有顾虑，不少种植主体持观望态度，不愿过多投入，购置专用机具意愿不强。利用现用机具改造也能基本满足要求，但改造不到位容易降低作业质量。丘陵山地宜机程度不高，适宜的配套机具缺乏。部分省份复合种植区域主要在丘陵山地，地块小、坡地多，原先净作模式下就以小农户人工作业为主，实现机械化作业难度较大。复合种植机械化生产模式还需完善，农机农艺融合不足。一方面大豆玉米农艺要求差异较大，部分地区适宜品种筛选不足，影响复合种植专用机具推广应用。另一方面，种植模式特点也会影响机具应用。

8.水稻生产机械化

2022年水稻机耕率、机收率预计将稳定于较高水平，呈现非趋势性微小波动状态；机种率将继续保持较快增长，增幅预计超过2%，将首次超过60%，并拉动综合机械化率延续稳步增长的态势，预计增幅接近1个百分点。

国家双季稻支持政策利好。据国家统计局公告，2022年早稻播种面积7 132.6万亩，比上年增加31.5万亩，增长0.4%；全国稻谷播种面积4.42亿亩，比上年减少706.6万亩，下降1.6%。但国家继续提高稻谷最低收购价，早籼稻较上年增加0.02元/斤，中晚籼稻较上年增加0.01元/斤，并加大产粮大县奖励力度，增加资金投入，多措并举稳定双季稻生产，农民生产热情高涨，农业机械化技术受到高度关注。

农业农村部持续推进南方水稻机种补短板，进一步提升水稻全程机械化水平，2022年3月农业农村部办公厅印发《关于扎实做好南方水稻机械化种植推进工作的通知》，农业机械化总站配套发布早稻育插秧、南方双季稻抢收抢种等机械化技术指导意见，各重点省份积极响应，开展形式多样的典型样本创建、技术指导服务、试验验证、大比武、田间日等活动，形成了浓厚的推进氛围，推动了关键技术的普及应用。

再生稻是指头季水稻收获后，利用桩上存活的休眠芽，采取一定栽培管理措施使之萌发为再生蘖，进而抽穗、开花结实，再收获一季水稻的种植模式。再生稻具有一种两收、省工节本、增产增效、再生季品质好的优点，适宜种植区域为我国南方稻区种植一季稻热量有余、种植双季稻热量又不足的地区及双季稻区只适宜种植一季中稻的地区，目前我国南方再生稻现有推广面积已超过1 500万亩，潜在推广面积达5 000万～8 000万亩。

《农业农村部关于大力发展再生稻 促进水稻生产能力提升的指导意见》提出2030年全国再生稻面积发展到3 000万亩左右的目标。再生稻头季机收碾压率高、损失率大是制约因素之一。目前，再生稻低碾压收获技术与装备加快研制应用。从2022年农业农村部农机化总站在湖南省开展的再生稻收获机综合测评结果来看，重点企业4个机型产品平均直行碾压率为25.30%，与常规水稻收获机相比降低了47%，较好地解决了再生稻机收碾压问题，并纳入了农业机械购置与应用补贴新产品试点范围，形成了机械化解决方案，持续扩大应用。

科学规划有序发展，与双季稻区错开。南方稻区水稻种植面积3.5亿亩，从温光水热资源来看，大部分地区适于发展再生稻，但从目前再生稻的产量水平分析，再生稻两季平均产量难以达到双季稻的产量水平（两季800千克/亩），而且双季稻产区承担着水稻保面积、保产量的重要使命。因此从温光资源的充分利用和保障粮食安全的角度，目前双季稻主产区不适宜推广再生稻。

再生稻有别于常规稻，再生稻种植技术要求高，再生季产量潜力不易实现，水肥管理措施复杂，受气候环境因素的影响大，产量稳定性差。解决相对复杂农艺再生稻的机械化生产需求，更应强化农艺农机的协同配合。

研发兼用型收获机，提高收获机利用率。专用再生稻收获机型使用率低、性价比不高，研发既能收获再生稻又能收获常规水稻的机型，实现常规收获机难以实现的功能，满足再生稻及周边区域早稻、一季中稻、晚稻兼收的需求，提高收获机利用率。建议在原有收获机基础上，筛选窄履带、接地比压小、整机重量较轻的轻型履带机型，通过更换再生稻收获机专用割台，实现低喂入量摘穗式收获、保持合理留茬高度及秸秆归行铺放的功能，又能兼顾常规水稻收获，降低农户购置成本，农户更易接受，也更便于推广。

研发机型需兼顾平原坝区与丘陵山区的不同需求。目前，双季稻主产区推广再生稻的适宜地区是种植双季稻温光资源不足，种植一季稻温光资源富裕的地区，这些区域主要是丘陵地区。研发机具应充分考虑丘陵地区特点，适应小田块灵活调头、爬坡越埂能力强、收获期水田黏重、通过性要求高等特点。可优先发展适用平原坝区大田块的再生稻收获机，先易后难，解决主要问题和矛盾，再针对丘陵地区小田块作业需求，研发适用机型。

坚持"为机育秧"理念，解决水稻育秧短板问题。目前，南方近3.5亿亩水稻还没有广泛推广插秧机、抛秧机，机具本身没有太大问题，症结主要在于集中育秧没有跟上，缺少适合机械使用的秧苗。集中育秧是典型的一家一户干不了、干不好、干了不合算的环节，下一步将强化"为机育秧"的理念，重点推进区域性育秧中心建设，加快补上机插机抛短板。

因地制宜选择水稻移栽技术，解决种植模式多样的问题。水稻机械化栽植环节技术丰富、模式多样，目前有机插秧、机直播及机浅栽三种主流方式，衍生出毯苗、钵毯苗、有序抛秧、钵苗摆栽、长秧龄、穴直播、无人机飞播等多种技术模式。要在试验示范的基础上，根据本区域农艺特点、种植习惯科学选定先进适用的技术路线，比如湖南、广东抛秧技术推广得好，农户对抛秧的田间管理技术已经熟悉，改用机械有序抛秧农民很容易接受，可因势利导推广有序抛秧技术；江西和重庆有钵毯苗试验示范基础，贵州省主推钵苗摆栽技术等。

推广水田保护性耕整地机具，解决水田泥脚加深的难题。随着轮式拖拉机马力不断增大，对水田犁底层造成了一定破坏，水田泥脚深度不断加深，特别是在边角转弯处形成了部分深坑，对后续插秧、植保、收获等环节机械化作业影响很大。而且长期使用旋耕机械，也易造成耕层变浅、田块板结，保水保肥能力变差，影响作物产量。下一步，要推广水田深翻技术，进行18～25厘米的深度翻耕加上秸秆深埋还田，同时推广自走式履带旋耕机作业或三角履带拖拉机配套相关机具作业，为水稻种植提供优良的条件，有利于秧苗快速健康生长。

9.丘陵山区机械化

丘陵山区作为我国第二大农业生产的主要区域，分布在全国19个省（自治区、直辖市），农业种植面积占总耕地面积的30%，粮食产量约占总产量的1/3，耕种收综合机械化水平比全国低20个百分点。由于地形地貌的特殊性，造成了地块细碎、高低不平，机械化水平比平低，生产成本高的不利局面，随着农业劳动力不断减少、老龄化困境加剧，作业条件不好的丘陵地存在撂荒的风险，丘陵山区农机化发展迫在眉睫。

近年来，党中央、国务院相继出台了《国务院关于加快推进农业机械化和农机装备产业转型升级的指导意见》（国发〔2018〕42号）、《"十四五"全国农业机械化发展规划》等文件，提出了丘陵山区农机化发展的重要思路和举措，确定了"以地适机"和"以机适地"两条腿走路的总方针。

"以地适机"也称之为土地宜机化改造，以广西、重庆、四川、云南等地为代表，在政府部门的支持下，实施高标准农田建设，推动农田地块小并大、短并长、陡变平、弯变直和互联互通，使其更加适合农业机械作业。经过多年不懈的努力，取得了不错的效果。

"以机适地"通过提供农机装备供应，解决部分地区机械化作业问题。以江苏、浙江、福建、广东等省为代表，鼓励企业生产适用机器设备，满足丘陵山区农业生产需要。丘陵山区农机生产企业一般规模小、资金少、知名度低，很少在网络媒体上做宣传，造成供需对接信息不对称，出现了"无机可用""无好机用"的局面。针对这种情况，2022年，农业农村部农业机械化总站和中国农业机械化协会联合组织开展了丘陵山区适用农业机械遴选推荐活动，遴选出308个型号的产品，涵盖了粮食作物、油料作物、蔬菜生产的耕、种、管、收及初加工等环节的中小型农业机械产品。

当前，我国面临着农村老龄化加剧，农业劳动力不足，农机装备缺乏的局面，如何实现丘陵山区农机化，保障粮食安全，是较为突出的问题。

要培育发展农业生产经营主体。农机社会化服务组织是我国未来农业生产的主力军，是实现丘陵山区农机化发展的重要手段。扶持和培育农业经营主体的发展，通过市场化运作，购买和使用先进适用农机装备，在农业生产托管、环节作业、农产品加工等方面发挥积极作用，提升机械化作业水平。

要加大农机装备供应，提升智能化水平。各地应因地制宜，提出丘陵山区农机装备的需求目录和需求量，引导科研院所和农机生产企业加大农机具的研发力度。重点发展智能化程度高、适应性强、复式多功能作业的中小型机械及成套设备，从根本上解决丘陵山区"无机可用"的难题。

要加强政策宣传和引导。各地要结合本地区地形、地貌特点，分区域、分作物，因地制宜提出丘陵山区农业种植模式。通过政策引导、资金倾斜，鼓励适宜地区购置适用机具设备，发展机械化生产。利用测绘装备技术，查找被撂荒、占用、非法改变使用性质的土地，要强制还田，保障农田面积的供应。

10.农机智能化

农业机械化和农机装备是转变农业生产方式、提高农村生产力的重要基础，是实施乡村振兴战略的重要支撑。智能农机装备是农业先进生产力的代表，也是促进发展绿色、高效现代农业的重要途径。2022年，新冠疫情对农业生产、农机服务行业产生了较大影响，但智能农机、无人化农场、智慧农业依旧成为社会关注的热点和农机行业发展的前沿领域，随着我国农业生产方式的变革，我国农机领域的发展正迎来智能化、自动化、信息化的变革。

在国家政策方面，国家领导人和相关政策持续支持智能农机发展和应用。2022年12月23日，习近平总书记在中央农村工作会议上对农机装备作出重要指示"要以农业关键核心技术攻关为引领，以产业急需为导向，聚焦底盘技术、核心种源、关键农机装备等领域，发挥新型举国体制优势，整合各级各类优势科研资源，强化企业科技创新主体地位，构建梯次分明、分工协作、适度竞争的农业科技创新体系"，为进一步做好智能农机科技创新指明了方向。2022年1月5日，《"十四五"全国农业机械化发展规划》对外发布，指出"十四五"时期大力推动机械化与农艺制度、智能信息技术、农业经营方式、农田建设相融合相适应，引领推动农机装备创新发展，做大做强农业机械化产业群产业链，加快推进农业机械化向全程全面高质高效发展，强调"加快推动农业机械化智能化绿色化"。2022年2月22日，中央一号文件提出"提升农机装备研发应用水平""加快高端智能机械研发制造并纳入国家重点研发计划予以长期稳定支持""完善农机性能评价机制，推进补贴机具有进有出、优机优补，推广大型复合智能农机"。为加快推进数字乡村建设，中共中央网络安全和信息化委员会办公室、农业农村部等10部门印发《数字乡村发展行动计划（2022—2025年）》，部署了智慧农业创新发展行动，提出"建设一批智慧农场、智慧牧场、智慧渔场，推动智能感知、智能分析、智能控制技术与装备在农业生产中的集成应用。推进无人农场试点，通过远程控制、半自动控制或自主控制，实现农场作业全过程的智能化、无人化""重点推进适于各种作业环境的智能农机装备研发，推动农机农艺和信息技术集成研究与系统示范"。

在技术产品方面，在政策与市场的双轮驱动下，智能农机装备和农机信息化技术产品应用速度加快。在国家精准农业应用项目和农机购置与应用补贴"三合一"的推动下，中国一拖、潍柴雷沃、江苏沃得等农机企业在大中型拖拉机和联合收割机上全部安装北斗定位终端，全年农机北斗定位终端装机量超过27万台。随着农机购置与应用补贴实行与农机作业量挂钩的兑付方式，在优机优补政策驱动下，农机北斗终端将实现从"米级"到"亚米级"的跨越，将进一步提升农机定位终端的应用量。农机自动导航设备经过几年发展，基本完成市场培育，更多生产企业加入这一行列，推动市场快速放大，加之价格下调释放了大量需求，农机自动导航设备销量大涨，随着销售价格的降低，农机自动导航设备正在向中原地区普及，特别是作业规模比较大的地区和用户。据农机购置与应用补贴公示数据显示，实现补贴销量 79 671 台，远高于前几年的水平。山东省将 200 马力以上通过工厂条件审核安装辅助驾驶系统的"国四"排放四轮驱动拖拉机列入补贴范围，这是农机购置与应用补贴政策首次支持农机自动导航设备安装应用，将推进新增农机智能化升级。北大荒农垦集团将 200 马力及以上四轮驱动无级变速拖拉机列入农机购置与应用补贴机具范围，并将智能化系统作为重要指标，将加速推动智能化与农机整机的深度融合。另外，各级政府部门依托本地区农机发展特点，依托各类示范推广项目开展智能农机装备的示范推广和应用，农业环境监测、温室大棚控制、激光平地、卫星平地、变量播种（施肥）、变量喷雾控制、联合收割机智能测控、圆捆机自动打捆控制、水肥一体化等其他农机智能装备也在规模经营程度比较高的地区开展广泛的推广应用，推动了我国农业机械化向全程全面高质高效发展。

在"无人农场"方面，科学技术部启动"十四五"国家重点研发计划项目"小麦全程无人化生产技术装备创制与应用"和"玉米生产全程无人化作业技术装备创制"，聚焦小麦、玉米两大主粮作物全程无人化作业技术装备突破。农机无人化作业、无人农场建设已在各地如火如荼地展开，多个无人农场示范项目在全国陆续实施，华南农业大学、国家农业智能装备工程技术研究中心、中国一拖、潍柴雷沃、碧桂园、中科原动力、上海联适等单位研制的无人驾驶农机在全国各地开展示范应用，探索"无人化"农机装备田间应用技术方案。在我国连续四年农业全过程无人作业试验的基础上，由工业和信息化部指导，我国发布了首个智能农机技术路线图，由农机、车辆、电子信息等多个技术领域的 120 多位专家历时两年编制而成。路线图立足以无人农机为最终产品形态，提出灵巧整机架构、通用数字底盘、新型动力系统、融合感知和信息采集系统、一体化作业机具、新型能源系统等九大前沿和关键技术。

在无人化农场技术快速发展的同时，其效果评价受到更多关注。江苏举办首届水稻机收"无人化"作业比武竞赛，来自全省 13 个市及省农垦共计 20 支队伍参加，这在全国也尚属首次，为江苏乃至全国农业数字化发展提供经验、模式，进一步推进农业生产智能化"无人化"。车载信息服务产业应用联盟提出农业全程无人化作业试验六环评价体系，即围绕和未来农业紧密相关的劳动力（人和工具）、生产资料（数据）、质量、效率、成本、环境六个关键要素建立智能农机功能和性能评价体系，推动智能农机立足上述六个要素进行设计、生产、使用和服务，从而为智能农机综合赋能，实现农业生产提质、降本、增效的目标。

在智能农机装备和农机信息化标准化方面。为加快推动数字乡村标准化建设，中共中央网络安全和信息化委员会办公室、农业农村部、工业和信息化部、国家市场监管总局会同有关部门制定了《数字乡村标准体系建设指南》，《指南》提出了数字乡村标准体系框架，明确列出农机信息化标准主要是规范传感器、物联网、云计算等现代信息技术在农业机械和农业生产经营中的应用，包括信息化装备要求、机械化信息化融合管理要求、机械化信息化融合作业服务要求、农机管理服务平台建设等标准。智能农机装备和农机信息化标准加速研制，占比逐渐提升。农业行业标准《农机北斗作业监测终端技术规范》正式获批立项，这是中国农业机械化协会团体标准再次转化为行业标准。2022年，中国农业机械化协会团体标准发布的40项团体标准中，智能农机装备和农机信息化标准共23项，占比超过50%。

11.农机手服务

近年来，随着老龄化加剧，谁来种地的问题日益突出，农机手作为农业机械的操作者，已成为农业生产中不可替代的元素。2022年，在农业农村部农业机械化管理司的支持指导下，中国农业机械化协会正式成立农机手分会，提出"为农机使用者代言"的服务宗旨，致力于打通沟通壁垒，搭建农机行业管理者、生产者、经营者、使用者之间的交流渠道，充分发挥行业协会作用，突破固有思维，将"为农机使用者"服务作为协会发展新的目标。

农机手分会自成立后，积极组织开展各项活动。在重要农时发出致作业农机手的一封信，向广大机手提出安全生产倡议，做好个人健康防护，规范作业服务，提高作业质量。同时，安排专人值班，公布联系电话，通过微信群以及来信来电等形式，及时掌握机手诉求，收集汇总机手意见，对机手反映较多的问题及时进行解释说明，并向有关管理部门进行沟通反馈，协调解决实际问题。"三夏"期间还自筹资金，购买防疫"爱心包"，在北京、河北、安徽、河南4个省份向机手免费发放。

通过微信工作群，组织开展"机手小课堂"活动，以短视频分享交流的方式，在机手之间组织机收减损技术讨论，征集减损做法，分享经验，发布节粮减损技术指导视频，受到机手欢迎。

拓展农机手视野，组织机手赴企业参观培训，近百名机手、维修工和农机合作社管理人员赴山东潍柴雷沃集团参观学习，探索农机生产者、销售者与使用者三者之间合作互利的服务方式，受到参与者广泛好评。

为深入了解当前"谁在种地"问题，列支专项资金，启动"种植业劳动力结构调研"项目，召开农机手联络工作研讨会，向湖南、湖北、河南、陕西等省有关单位传达分析和识别农机手现状相关工作要求，部署启动调研项目。并在秋收期间克服疫情困难，先后赴北京市平谷区、顺义区等多个村镇开展调研，对当地基本情况、劳动力结构、农业机械化发展、农事服务组织以及目前制约当地农机化发展的困难和瓶颈进行深入的调研了解。

截至目前，农机手分会除自主发展在册会员外，还通过各省份农机化协会等组织联系农机手，分会成员涉及北京、河北、山西、河南、湖南、湖北、江西、陕西、吉林、黑龙江10个省份，初步探索建立起农机手服务网络，2023年协会将继续加强力量，扩大服务范围，与更多省份农机部门、企业联合，组织开展参观考察、学习培训等活动。

展　　望

全国农业农村厅局长会议指出，要协同推进产能提升和结构优化，坚持把保障粮食和重要农产品稳定安全供给作为头等大事，稳面积、稳产量，扩大豆、扩油料，提单产、提自给率，加快提升粮食综合生产能力，扩大短缺品种生产，发展现代设施农业，努力完成全年粮食生产目标任务，建立健全多元化食物供给体系。

在农机试验鉴定方面，2022年10月11日，农业农村部办公厅发布《农业农村部办公厅关于加强农业机械试验鉴定工作的通知》，明确了农机鉴定工作提能力、优服务、保供给，有力支撑农业机械化全程全面和高质量发展的目标任务。

一是加快农机试验鉴定大纲制订。要适应新阶段全程全面机械化发展的需求，对照《农业机械分类标准》（NY/T1640—2021），分区域、分产业、分品种、分环节梳理农机鉴定大纲的缺项、弱项，广泛调动各方面积极性，加强评价方法和手段的研究，加快制（修）订工作，补齐短板弱项。到2025年底，实现粮棉油糖等主要农作物生产所需机械的鉴定大纲全覆盖，畜牧业、渔业、设施农业、农产品初加工业等领域生产所需机械的鉴定大纲基本健全。

二是增强鉴定供给服务能力。各鉴定机构要争取经费支持、加强能力建设、创新工作机制、提升服务效能，坚持依法依规、公正公开、突出重点、务实高效，加快建立健全资源共享、优势互补、信息互通、协调发展、能力完备的全国"一盘棋"农机鉴定新格局，加快信息化建设，整合信息资源，建立大数据库，推动全国农机鉴定信息互联互通。围绕农业生产和农业机械化发展需求，强化部省之间、省与省之间农机鉴定机构协调配合，研究合作鉴定的措施和方式，积极开展合作互助，加快扩展提升农机鉴定服务能力。围绕大型大马力高端智能农机装备和丘陵山区适用小型机械的短板弱项，以及急需部署农业生产一线的重点机具鉴定需求增强农机鉴定有效供给。

三是提升鉴定工作规范化水平。持续强化农机鉴定人员队伍建设，提升鉴定人员技术能力；加强对农机鉴定工作的监督管理。各农机鉴定机构要完善管理制度，全面加强过程管理，严控鉴定工作程序，加大对采信社会检验检测机构的检验检测结果审查力度，加强鉴定信息公开管理，接受社会监督。加大获证产品证后监督力度，严厉查处与证书信息不一致等违规行为，维护好农机鉴定工作的权威性。

农机补贴政策持续优化，推动农机市场高质高效运行。2023年农机购置补贴资金145亿元已提前下达。补贴政策将通过工厂条件审核、优机优补、农机应用补贴试点、补贴三合一全面实施、监管力度持续强化等多措并举，进一步彰显政策引领方向，发挥政策引导作用。补贴监管力度将持续升级。近几年，大部分低质低价、大马拉小车产品逐步退出市场，行业环境得到了有效净化。2023年"国四"切换后，农机补贴监管力度将持续升级，促进行业向"智能、环保、舒适、高效"等方向快速升级，进一步带动行业高质量发展。

出口市场增幅或收窄。全球贸易政策环境日趋恶化，外贸风险增加。国际市场波动，技术性贸易措施频出、进口国外汇不足；新兴市场的货币贬值，汇率波动，汇率剪刀差导致资金损失等，也严重影响了农机的出口。随着制造成本的进一步上升、原材料涨价、环保成本增加、财务成本加重、产能过剩，利润空间压缩，致使农机出口产品平均利润水平降低。我国农机企业针对市场进行研发的投入不足，技术、工艺和制造能力创新与突破缓慢，国内农机品牌资源聚焦不够，产品同质化严重，难以形成我国农机工业的核心竞争力；知识产权和专利技术保护存在不足，导致各单元在技术研发投入上积极性不高。世界经济放缓，外部需求减弱。近年全球农机市场尤其是东盟、欧洲市场持续低迷，对中国农机企业外销的影响明显。东盟是中国农机的主销市场，连续几年，粮食价格回落明显，农民收入减少，购买力下降，影响中国农机在东盟的销售。同时受政策性因素和要素成本上升影响，出口成本快速上升，增加了出口的难度。

2023年农机市场下行压力巨大，传统市场或下滑，新兴市场依然有较强的韧性。多数经销商并不看好2023年的市场。据调研显示，在1 300多家典型经销商中，九成以上的经销商判断2023年的市场会下降或持平。其中，64.89%的经销商预测2023年市场会下降；20.06%的选项投给了"持平"；只有15.05%的经销商较为乐观，把"增长"作为预期。

大中拖市场下行压力巨大。2022年因"国四"切换影响，部分用户提前购买"国三"机，部分经销商"国三"机库存高企，市场需求被提前透支。"国四"产品购机价格的上升、使用成本的增加，对油品品质要求更高，加之用户对"国四"产品缺乏了解，以及包括操作、维修、保养等诸多方面使用的难度提高，必然会出现市场观望心理，一定时间内将抑制市场需求的正常释放。单台补贴下降已经是近年补贴政策的基本走向，对市场需求产生一定的影响。市场竞争更加激烈。受排放升级、补贴政策调整及监管加强等，市场集中度有望进一步提升。主要头部企业竞争力不断提升，行业竞争将从以往价格竞争逐步转化为企业实力的综合竞争。由于"国四"各马力段成本增加的差异以及技术路线的不同，产品需求结构也将发生变化，比如部分70马力、180马力需求或将回归至50马力、150～160马力。

播种机市场经过多年的高位运行，正处于成熟期，随着播种机械化水平提高，市场增量已接近天花板，刚性需求下降。尤其是东北免耕播种机市场，近几年在保护性耕种政策和补贴政策双重动力驱动下，增势强劲，市场饱和度明显提高。市场驱动力也由刚性转向更新，从更新周期规律看，2023年播种机市场正处于更新低谷期。2023年或出现下滑。

三大粮食作物收获机或出现"两降一升"的特点。轮式谷物联合收获机市场在经历了2022年59.38%的大幅度增长后形成了"高地"，预计2023年将出现市场下滑。与之情况相似的还有玉米收获机，去年同比稳健增长12.39%，2023年下降的概率也很大；履带式收获机在经历了去年较大幅度滑坡后，2023年有望止跌回稳，出现小幅增长。青饲料收获机市场预计2023年出现滑坡。预计未来几年，薯类收获机市场前景向好。产品结构将继续沿着大型化方向加速，但基于我国薯类种植区域的广泛性，决定了适合丘陵山区且富有个性化的小型产品依然有较为广泛的发展空间。从市场竞争看，竞争锁定产品品质，品牌影响力两大因素。

2023年，全国示范推广玉米大豆带状复合种植面积2000万亩，需要进一步总结经验，完善工作措施，加快推进复合种植全程机械化，为持续增大示范推广面积做好机械化支撑保障。要分析比较技术和效益，在坚持高产种植模式前提下，探索农机农艺的平衡点，分区域形成复合种植全程机械化生产模式。加快专用机具鉴定检测，编制相关标准，持续引导生产企业改进熟化专用机具。

在市场需求带动和农机具购置补贴政策的引导下，国产农机具在技术升级、制造技术、质量控制、工业设计等方面取得不俗成绩，初步改变了进口农机长期垄断高端市场的局面，多数机型及部分核心部件的自主研发制造取得一定进展，出现了若干新兴的龙头企业。当前，两个关系行业长远发展的研发方向分别是：一是农用柴油发动机高压共轨喷射技术、动力换挡和无级变速技术、农机装备液压系统技术等核心技术；二是将农业机械与人工智能、北斗卫星导航、电力等清洁能源动力系统等方向相集成。当前，已有部分企业与科研单位联手尝试突破技术难题，自主集成能力得到有效提升，有望在未来一段时间取得更多自主研发成果。

农机服务主体有望更加职业化。农机化发展涉及农机、农艺、农地、农人四要素的有机协调。当前，农机与农艺融合的问题正在逐步得到解决，小的生产规模和机械化大生产的矛盾得到有效缓解。需要进一步解决的矛盾主要集中于以下两个方面：一是工程技术与生物技术、信息技术的融合；二是在解决装备问题的基础上，建立一支稳定的、高素质的农机操作队伍。伴随未来高端智能农机的研发应用与作业服务的展开，对熟练掌握农机操作技能的专业人才需求越来越大。

后记
HOUJI

2022《白皮书》编写组参阅了大量行业公开发布的书籍、文件、重要会议讲稿、统计数据等资料，专心打磨、精益求精，突出特点特色，力求客观、准确反映行业的发展脉络、年度热点要点、有影响力的事件和取得的成就等，奋力将其打造成一本有史料价值的参考资料。

《中国农机化发展白皮书》是协会的一项公益性事业，是通过多方努力完成的智库产品结晶，是服务行业、服务会员的途径。我们投入了相当多的人力和财力，并为之坚持数年。《白皮书》得到了农机化主管部门、科研院所、行业协会等有关领导、专家的大力支持。这种支持也为我们提供了源源不断的前进动力。在此，衷心感谢编写组、各位领导和专家的帮助。

2022《白皮书》将在中国农机化协会官网和微信公众号上分章节陆续发布，欢迎大家关注阅览。

受水平、能力和时间所限，《2022中国农业机械化发展白皮书》一定存在许多疏漏和错误，敬请界内同仁批评指正。

图书在版编目（CIP）数据

农业机械化研究．人物卷．Ⅱ／中国农业机械化协
会编著．—北京：中国农业出版社，2024.6.—ISBN
978-7-109-32073-4

Ⅰ.S23；K826.16

中国国家版本馆CIP数据核字第2024Y79A93号

中国农业出版社出版

地址：北京市朝阳区麦子店街18号楼
邮编：100125
责任编辑：程　燕　文字编辑：耿增强
版式设计：李　文　责任校对：周丽芳　责任印制：王　宏
印刷：北京通州皇家印刷厂
版次：2024年6月第1版
印次：2024年6月北京第1次印刷
发行：新华书店北京发行所
开本：787mm×1092mm　1/16
印张：14.25
字数：360千字
定价：228.00元

ISBN 978-7-109-32073-4
9 787109 320734 >